"黔中水利枢纽工程重大关键技术研究与应用"
（黔科合重大专项字〔2012〕6013号）项目资助

狭窄河谷区高面板坝变形综合控制技术

向国兴　欧波　周伟　罗代明　李国英　等　编著

中国水利水电出版社
www.waterpub.com.cn

·北京·

内 容 提 要

　　黔中水利枢纽平寨水库面板坝最大坝高为 157.5m，坝顶河谷宽高比为 2.2，处于狭窄河谷区，其中下部尤其狭窄，岸坡陡峻，是我国已建成的最狭窄高面板坝之一，变形非常复杂，防裂控制难度高。本书结合狭窄河谷区平寨水库面板坝建设实践，在论述峡谷区高面板坝变形特点和运行性状的基础上，分析了适用于狭窄河谷区高面板坝的计算理论及应关注的重点，研究了其主要变形特征及影响因素，重点关注了狭窄河谷区坝体应力应变计算模型、坝体与岸坡接触特性、多向拱效应、面板破坏机理及其分区、分缝和止水要求、面板合适的浇筑时机等，提出了狭窄河谷区高面板坝的设计原则、技术要求、技术方案，并在平寨水库面板坝建设实践的基础上，总结提出了狭窄河谷区高面板坝变形综合控制技术。

　　本书理论联系实际，技术新颖、经验可鉴，可供狭窄河谷区建设面板坝的设计、施工、监理、质检、建设管理、科研等领域的专业人员借鉴，也可供水利水电及相关专业高等院校师生阅读和参考。

图书在版编目（CIP）数据

狭窄河谷区高面板坝变形综合控制技术 / 向国兴等编著. -- 北京：中国水利水电出版社，2018.8
ISBN 978-7-5170-6716-0

Ⅰ. ①狭… Ⅱ. ①向… Ⅲ. ①面板坝—变形—研究 Ⅳ. ①TV64

中国版本图书馆CIP数据核字(2018)第180392号

书　　名	**狭窄河谷区高面板坝变形综合控制技术** XIAZHAI HEGUQU GAOMIANBANBA BIANXING ZONGHE KONGZHI JISHU
作　　者	向国兴 欧波 周伟 罗代明 李国英 等编著
出版发行	中国水利水电出版社 （北京市海淀区玉渊潭南路 1 号 D 座　100038） 网址：www.waterpub.com.cn E-mail：sales@waterpub.com.cn 电话：(010) 68367658（营销中心）
经　　售	北京科水图书销售中心（零售） 电话：(010) 88383994、63202643、68545874 全国各地新华书店和相关出版物销售网点
排　　版	中国水利水电出版社微机排版中心
印　　刷	天津嘉恒印务有限公司
规　　格	184mm×260mm　16 开本　12.75 印张　302 千字
版　　次	2018 年 8 月第 1 版　2018 年 8 月第 1 次印刷
印　　数	0001—1000 册
定　　价	**65.00 元**

凡购买我社图书，如有缺页、倒页、脱页的，本社营销中心负责调换

《狭窄河谷区高面板坝变形综合控制技术》
编 撰 人 员 名 单

向国兴　欧　波　周　伟　罗代明　李国英

申献平　米占宽　陈　军　魏匡民　袁丽娜

吴开昕　杨卫中　丁玉堂　邵红艳　沈　婷

程国锋　晏卫国　李艳龙　王永立　符昌胜

曾永军　李仁刚

编 撰 单 位

贵州省水利水电勘测设计研究院
贵州省喀斯特地区水资源开发利用工程技术研究中心
武汉大学

贵州省科技计划

黔中水利枢纽工程重大关键技术研究与应用

（黔科合重大专项字〔2012〕6013号）

项目承担单位：贵州省水利厅、贵州省水利水电勘测设计研究院
项目负责人：杨朝晖　　项目牵头人：向国兴
课题牵头单位及课题负责人如下表：

编号	课 题 名 称	课题牵头单位	课题负责人
1	库首褶皱带隐伏型岩溶发育特征及其渗漏研究	贵州省水利水电勘测设计研究院	官长华 刘子金
2	峡谷区高面板坝综合变形控制与防裂研究	贵州省水利水电勘测设计研究院	罗代明 欧 波
3	山区长距离大流量输配水综合节水技术研究	黔中水利枢纽工程建设管理局	成 雄 罗亚松
4	峡谷山区高墩大跨连续刚构渡槽技术研究	贵州省水利水电勘测设计研究院	向国兴 徐 江
5	长藤结瓜水库群优化调度及智能监控技术研究	中国水利水电科学研究院	尹明万 邱春华
6	黔中岩溶山区水资源可持续利用关键技术研究	贵州省水文水资源局	舒栋才 吴 平
7	水资源水质保障关键技术研究与应用	贵州大学	吴 攀

序 PREFACE

　　黔中水利枢纽工程是贵州省首个大型水利枢纽，是贵州人民半个世纪的水利梦，是贵州西部大开发中的标志性工程，是地处贵州岩溶山区的跨区域、跨流域、长距离调水大型民生水利工程。工程以灌溉、城市供水为主，兼顾发电、县乡供水、农村生活供水等，并为改善区域水生态环境创造条件。工程建成后可解决贵阳市区、安顺市区的城市供水，以及六枝北部和东部、普定南部、镇宁北部、关岭中部、西秀南部和东部、平坝南部、长顺东北部等 7 县（区）49 个乡镇的 65.14 万亩农田灌溉、5 个县城和 36 个乡镇供水、农村 41.84 万人生活用水，年供水量为 7.67 亿 m^3，并利用坝后落差修建装机容量为 136MW 的平寨电站发电。黔中水利枢纽工程开发的直接目标是解决贵州政治、经济、文化、旅游的核心区——黔中经济区用水安全问题，间接目标是保障粮食生产安全、促进区域社会可持续发展，它是黔中经济区可持续发展的生命线工程，及全国构建和谐社会的重大民生水利枢纽和战略性扶贫工程之一。

　　工程由水源工程、输配水工程组成，分两期建设。其中，一期工程包括水源工程、一期输配水工程，建成后可解决贵阳市区近期城市供水，以及 7 县（区）42 个乡镇的 51.17 万亩农田灌溉、5 个县城和 28 个乡镇供水、农村 35 万人生活用水，年供水量为 5.50 亿 m^3，并利用平寨电站年发电 3.6 亿 kW·h，为遏止区域水生态环境恶化创造条件。开发目标是缓解黔中经济区用水安全、粮食生产安全问题，促进区域经济社会快速发展。水源工程由库容 10.89 亿 m^3 的平寨水库，高 157.5m 的面板堆石坝，装机容量 136MW 的平寨电站组成；一期输配水工程由平寨水库自流到桂家湖长 63.4km 的总干渠，桂家湖取水经革寨水库到凯掌水库长 84.8km 的桂松干渠，总长 247.5km 的 25 条支渠，总长 35.9km 的 2 段以河代渠，以及田间配套工程组成，干支渠总长 431.6km，串联了十余座"长藤结瓜"水库，是典型的跨越岩溶峡谷山区长距离输配水工程。工程于 2009 年 11 月 30 日动工兴建，水源工程于 2015 年 4 月 14 日实现导流洞下闸蓄水，2016 年 6 月 24 日平寨电站并网发电，2016 年 8 月 28 日实现正常蓄水位 1331.00m 下闸蓄水，2016 年 12 月 28 日左岸灌溉引水系统成功完成了试通水，2018 年 1 月 28 日干渠试通水到贵阳，标志工程开始发挥综合效益。

工程的显著特点是地处长江与珠江分水岭地带的跨流域调水、岩溶峡谷区高坝大库建设、峡谷山区长距离输配水、"长藤结瓜"水库群联合调度等，需要研究库首褶皱带隐伏型复杂岩溶发育特征及其防渗、狭窄河谷区高面板坝变形综合控制与防裂、山区长距离大流量输配水综合节水、峡谷山区高墩大跨渡槽、长藤结瓜水库群优化调度及智能监控、黔中岩溶山区水资源可持续利用、水资源水质保障等重大关键技术。

为保障工程顺利建设，依托工程带科研、科研促项目、产学研结合的方式，由贵州省水利厅、贵州省水利水电勘测设计研究院（以下简称贵州水利院）牵头，贵州省水文水资源局、黔中水利枢纽工程建设管理局、贵州省水利科学研究院、中国水利水电科学研究院、武汉大学、南京水利科学研究院、贵州大学等单位参与，联合申报贵州省科技计划目"黔中水利枢纽工程重大关键技术研究与应用"（黔科合重大专项字〔2012〕6013 号）并获批立项。项目包括库首褶皱带隐伏型岩溶发育特征及其渗漏研究、峡谷区高面板坝综合变形控制与防裂研究、山区长距离大流量输配水综合节水技术研究、峡谷山区高墩大跨连续刚构渡槽技术研究、长藤结瓜水库群优化调度及智能监控技术研究、黔中岩溶山区水资源可持续利用关键技术研究、水资源水质保障关键技术研究与应用等 7 个课题。贵州水利院牵头各参研单位联合开展上述重大关键技术攻关，解决了工程遇到的重大技术问题和难题，进一步完善并创新发展了适用于贵州岩溶山区的现代水利技术，为加快解决贵州工程性缺水问题提供了技术支撑。

研究工作结合工程建设进展推进，2017 年 3 月基本完成各课题验收，成果丰硕，研究成果充分应用于工程实践，取得了良好效果。为推广黔中水利枢纽重大关键技术创新和研究成果，丰富岩溶山区特色的现代水利工程技术，贵州水利院策划并组织各课题参研单位和参研人员上百人，在各课题研究成果的基础上编著了系列著作，分别是《褶皱带隐伏型岩溶发育特征及防渗技术》《狭窄河谷区高面板坝变形综合控制技术》《山区长距离输配水综合节水技术》《高墩大跨连续刚构渡槽技术指南》《长藤结瓜水库群优化调度及智能监控》《岩溶山区水资源可持续利用关键技术》《贵州喀斯特地区煤矿矿山环境生态问题及治理对策》。

该系列著作既有工程设计的基础理论和技术方案措施，又兼具解决问题的新思路、新方法和技术上的新突破，理论联系实际，技术新颖、经验可鉴。系列著作各册自成体系，结构合理、层次清晰，资料数据翔实，内容丰富，充分体现了黔中水利枢纽工程的重要研究成果和工程实践效果，完善了岩溶山区现代水利技术，可供类似工程的勘察、设计、施工、监理、建设管理、运行调度、科研等领域的专业人员借鉴参考，也可供相关高校师生阅读。

早在 20 世纪 50 年代末期贵州水利院建院之初，老一辈水利人就提出了引三岔河之水润泽黔中这一贵州水利梦想，经过 60 年的不懈努力奋斗，黔中水利枢纽一期工程建成并蓄水和通水，这一贵州水利梦想终得实现。该工程的成功建设，承载着贵州几代水利前辈的夙愿，凝聚着贵州几代水利专家和领导的追求与奋斗，饱含着这一代从事勘测、设计、科研、建设管理等工作的贵州水利人的智慧和汗水，促进了一大批年轻水利工程师的成长，大幅提升了岩溶山区水利工程勘测设计和科技创新能力，提振了贵州建设大型水利工程的信心和勇气。谨以此系列著作献给他们，献给贵州水利院建院 60 周年，并推动岩溶山区现代水利技术的提升和发展。

由于研究和应用周期长、资料及研究成果庞杂、参研单位及人员较多，系列著作从组稿到出版经历了 3 年多，限于作者水平，书中难免有不妥之处，敬请同行专家和读者批评指正。

贵州省水利水电勘测设计研究院

2018 年 3 月

前言 FOREWORD

20世纪60—70年代，面板堆石坝筑坝技术逐步成熟。该技术适应复杂气候和各种地形地质条件，并具有良好的抗震性能，还可广泛采用当地材料填筑，甚至通过分区优化充分利用开挖料，利于环境保护，节省工程投资和工期，因此发展迅猛。近年来，我国面板堆石坝建设水平居世界前列，已建成一批世界级的高面板坝，如目前世界最高的233m水布垭面板堆石坝，最大坝高185.5m的三板溪面板堆石坝，最大坝高179.5m的洪家渡面板堆石坝，最大坝高178m的天生桥一级面板坝等。据不完全统计，国内已建和在建的面板堆石坝已超250座，其中100m以上高坝55座，约占世界总量的40%。

目前，我国针对峡谷区面板堆石坝坝体变形规律、面板开裂机理以及工程施工技术进行了系统的总结分析研究，但没有系统研究狭窄河谷区面板坝变形及其引起的防渗系统变形，以及应对防渗系统变形能采取的综合控制措施。

我国西部地区水资源蕴藏丰富，地形以高山峡谷为主，坝址条件复杂，多为陡峭狭窄河谷，这对面板堆石坝设计、建设提出了新的特殊要求，值得深入研究和总结。黔中水利枢纽平寨水库面板坝最大坝高为157.5m，坝顶河谷宽高比为2.2，处于狭窄河谷区，中下部尤其狭窄，岸坡陡峻，是我国已建成的最狭窄高面板坝之一，变形非常复杂，防裂控制难度高。

本书依托狭窄河谷区平寨水库面板堆石坝的设计、施工和建设管理实践，论述了狭窄河谷区高面板坝变形特点和运行性状，分析了适用的计算理论及其应关注的重点，研究了其主要变形特征及影响因素，重点关注了狭窄河谷区坝体应力应变计算模型、坝体与岸坡接触特性、多向拱效应、面板破坏机理及其分区、分缝和止水要求、面板合适的浇筑时机等，提出了狭窄河谷区高面板坝的设计原则、技术要求、技术方案，并在平寨水库面板坝建设应用实践的基础上，总结提出了狭窄河谷区高面板坝变形综合控制技术。

本书共 6 章：第 1 章峡谷区高面板坝特点和运行性状，介绍了国内外典型的峡谷区高面板坝建设和运行性状；第 2 章狭窄河谷区面板堆石坝计算理论，分析了适用于狭窄河谷区高面板坝应力变形计算基本理论和计算模型，包括堆石料的静动力弹塑性模型、黏弹性流变模型、岸坡与坝体接触模型等；第 3 章狭窄河谷效应对面板坝应力变形影响研究，通过有限元数值计算方式探讨了狭窄河谷形状对坝体和面板防渗体系应力变形的影响；第 4 章狭窄河谷区高面板坝设计原则，结合国内外面板坝设计经验与狭窄河谷区面板坝自身特点提出了狭窄河谷区高面板坝设计基本原则；第 5 章狭窄河谷区高面板坝工程实践，以黔中水利枢纽平寨水库面板堆石坝建设为例，系统介绍了狭窄河谷区高面板堆石坝的填筑材料选择及其材料试验、填筑料级配设计、坝体体型设计、大坝施工技术要求、应力应变特性及运行现状、趾板及面板和止水设计、面板浇筑时机等；第 6 章结论与展望，系统总结了狭窄河谷区高面板坝变形综合控制技术，包括筑坝材料、材料级配、基础处理、填筑标准、防渗体设计、面板浇筑时机等变形综合控制技术，并提出今后需要继续研究和关注的问题。

本书依托黔中水利枢纽工程平寨水库建设实践，研究工作得到了项目业主、施工单位、监理单位、监测检测单位的大力支持，得到了水利部水利水电规划设计总院的技术指导，也得到了贵州省科学技术厅"黔中水利枢纽工程重大关键技术研究与应用"（黔科合重大专项字〔2012〕6013 号）的资助，谨向支持和关心各项工作的所有单位和个人表示衷心的感谢，也感谢中国水利水电出版社为本书出版付出的辛勤劳动。在本书的编写过程中，参阅了大量有关面板坝研究的文献资料，部分内容已在参考文献中列出，但难免仍有遗漏，在此一并向参考文献的各位作者致谢。

本书由向国兴、欧波总体策划和组织牵头编著，并负责统稿；欧波作为设代负责人在现场开展了大量实践和研究；向国兴、罗代明负责技术把关和审稿，杨卫中参与了技术把关，周伟、李国英参与了审稿。

限于作者技术水平及工程实践经验，书中错误和缺点在所难免，恳请读者批评指正。

作者

2018 年 4 月

峡谷区高面板坝特点和运行性状

第1章

1.1 混凝土面板堆石坝的发展

面板堆石坝专家库克（J. B. Cooke）将堆石坝的发展过程分为三个阶段：即抛填堆石坝时期、抛填堆石坝向碾压堆石坝的过渡时期以及现代重型碾压堆石坝时期。

1850—1965 年，美国采用堆石抛填法建成多座高度 30m 以上的面板堆石坝，如迪克斯河（Dix River）坝（1925 年，坝高 84m）、盐泉（Salt Spring）坝（1931 年，坝高 100m）、考斯格威尔（Cogswell）坝（1934 年，坝高 85m）、下比尔 1 号（Lower Bear No. 1）坝（1952 年，坝高 71m）、下比尔 2 号（Lower Bear No. 2）坝（1952 年，坝高 50m）。这一时期的堆石坝多采用抛石法填筑，即将大块石从高栈桥向下抛投并用水枪冲射使之密实。由于堆石料压实不足，竣工后坝体位移可达到坝高的 1%～2%，50m 以下的低坝尚能承受这种变形，70m 以上堆石坝，因变形太大均发生严重面板裂缝和坝体渗漏，如盐泉坝混凝土面板裂缝宽达 2.5cm，漏水量很大。20 世纪 50 年代以后，世界上已不再建造此种堆石坝，这一阶段抛填堆石坝的修建高度受到限制，而带有反滤层的黏土心墙堆石坝取得了快速发展，抛填堆石坝逐步向碾压堆石坝过渡。

20 世纪 60 年代末期，重型振动碾应用于压实堆石和砂卵石。通过振动碾压设备压实的堆石体，可获得较高的密实度，坝体沉降变形大幅减小，使得混凝土面板的工作状况大为改善，坝体的修筑高度得以进一步提高。1971 年澳大利亚建成的塞沙那（Cethana）坝（坝高 110m）、1980 年巴西建成的阿利亚（Areia）坝（坝高 160m）、1993 年墨西哥建成的阿瓜密尔（Aguamilpa）坝（坝高 187m），标志着混凝土面板堆石坝筑坝技术走向成熟。我国采用现代技术修建碾压式混凝土面板堆石坝始于 1985 年，起步较晚但发展迅速，目前在工程数量、建坝高度等方面均居世界前列。迄今，国内坝高百米以下级的工程已较多，百米级甚至两百米级的面板坝也已不少，如贵州洪家渡（坝高 179.5m）、湖南三板溪（坝高 185.5m）、湖北清江水布垭（坝高 233.0m）等，正在筹建中的大石峡、茨哈峡、古水等工程的坝高达到 250m 左右。混凝土面板堆石坝抗滑与抗渗稳定性好、地质条件要求低、抗震性能好、造价便宜，已成为当前土石坝的主要坝型之一。

1.2　峡谷区高面板坝主要特点

混凝土面板堆石坝的技术核心是对坝体变形的控制，以及保证面板、止水结构等防渗系统满足强度和变形的要求。面板坝应力变形特性的影响因素复杂，坝址区河谷形态就是其中一个。修建在宽阔河谷的面板堆石坝，坝体的宽高比较大，坝体的应力分布三维作用较弱；修建在峡谷区的堆石坝，坝体宽高比较小，坝体应力分布呈现出明显的拱效应，施工期坝体的变形往往偏小，后期坝体的流变效应明显。此外，狭窄河谷坝址两岸陡峻，地形复杂，坝肩接触部位变形梯度大，为坝体的变形与面板开裂控制带来严峻挑战。表1.1列出了国内外一些修建在狭窄河谷上的面板堆石坝。

表1.1　　　　　　　　　国内外一些修建在峡谷区上的面板堆石坝

坝　名	国家	建成年份	坝高/m	河谷宽高比	筑坝材料
塞沙那（Cethana）	澳大利亚	1971	110.0	1.94	石英岩
安奇卡亚（Alto Anchicaya）	哥伦比亚	1974	140.0	1.86	角页岩和闪长岩
格里拉斯（Golillas）	哥伦比亚	1978	125.0	0.87	砂砾石
亚坎布（Yacambu）	委内瑞拉	1996	162.0	0.90	砂砾石
默奇森（Murchison）	澳大利亚	1982	89.0	2.36	流纹岩
萨尔瓦依那（Salvajina）	哥伦比亚	1985	148.0	2.45	砂砾岩和硬砂岩
黔中平寨	中国	2014	157.5	2.2	灰岩
西北口	中国	1989	95.0	2.34	灰岩
万安溪	中国	1995	93.5	2.27	花岗岩
白云	中国	1998	120.0	1.67	灰岩和砂岩
引子渡	中国	2003	129.5	2.13	灰岩
洪家渡	中国	2004	179.5	2.38	砾岩
龙首二级	中国	2004	146.5	1.30	绿灰斑岩
九甸峡	中国	2008	133.0	1.74	灰岩
积石峡	中国	2014	103.0	3.13	砂岩
猴子岩	中国	在建	223.5	1.25	灰岩和流纹岩

峡谷区面板堆石坝的坝址及坝体几何构形通常具有以下的特点：①坝址位于峡谷区，河谷大多为V形，某些坝址的河谷具有明显的不对称特点，坝体的宽高比较小；②坝址地质地形条件较为复杂，左右两岸岸坡陡峭，倾角可达70°以上，岸坡坡度通常具有明显的转折，某些坝址甚至包含倒坡或台阶状的复式地形；③某些河谷具有较为深厚的覆盖层。

峡谷区面板堆石坝的上述特点给坝体的变形以及混凝土面板的开裂控制带来了新的问题，主要可归结为以下几点：

（1）狭窄河谷面板堆石坝的宽高比较小，坝体的三维效应明显。以洪家渡面板堆石坝为例，三维有限元计算的结果比二维计算结果小30%～50%；坝体的应力与变形特征具有明显的拱效应，应力与变形的演化规律复杂；坝体内部的竖向应力相对于宽阔河谷条件下较小，岸坡承受了相当部分的坝体自重应力。由于拱效应的存在，坝体的初始变形较小，但随着时间的推移，在堆石料的流变作用下，坝体内部应力逐渐调整，坝体的后期变形不可忽视。

（2）为了避免不经济的开挖，坝体修建大多直接利用了原有的陡峭岸坡，坝体自重荷载在岸坡斜面上的法向分量可能小于切向分量，如果沿岸坡切向的抗滑力低于自重荷载的切向分量，坝体可能会沿陡峭的坝肩发生滑移。另外，坝体竣工后，由于坝肩渗漏、堆石料的受压破碎等作用，堆石与坝肩之间的接触摩擦强度会发生衰减，进而引起运行期新的变形产生。

（3）混凝土面板与堆石料相互接触且属于不同材料，当堆石坝发生不均衡变形或者沿坝肩发生滑移时，面板与堆石体的变形难以协调，易发生面板的脱空、受拉、受压破坏或者止水结构破坏。狭窄河谷地区两岸岸坡通常不对称，这一方面使得堆石坝坝体具有不对称的空间几何形状，另一方面使得坝体的变形具有复杂的约束条件。因此狭窄河谷地区的堆石坝在自重以及两岸约束作用下易产生不均衡的变形，为面板的变形与开裂控制带来困难。

下面结合国内外几个具有代表性的狭窄河谷地区高面板堆石坝的工程运行性状，总结了该类坝型在修建、运行期间面临的主要问题与工程经验。

1.3　峡谷区典型面板堆石坝设计与运行性状

1.3.1　塞沙那混凝土面板堆石坝

塞沙那混凝土面板堆石坝位于澳大利亚塔斯马尼亚州北部的福斯河上，是墨塞-福斯梯级电站的 7 座坝中最高的一座，坝高 110m，坝顶长 213m，坝体的堆石量为 140 万 m^3，该坝于 1967 年开工，1971 年完工。坝址位于狭窄河谷，河谷宽高比为 1.94，属于典型的狭窄河谷地区高面板堆石坝。大坝设计剖面如图 1.1 所示。

（1）塞沙那混凝土面板堆石坝设计时，尚无类似工程可借鉴，设计人员在已建大坝运行资料与室内试验基础上，确定了坝体设计原则如下：

1）以分层碾压堆石取代抛填堆石。大坝上下游坡度均为 1:1.3，坝体剖面分为三个材料区域：1 区为钢筋混凝土面板；2 区位于坝体上游面，宽度 3m 采用级配良好的堆石，最大粒径为 22.5cm，填筑层厚 0.45m；堆石 3A 区为坝体的主体部分，占坝纵断面约 2/3，为水荷载的主要支撑部分，3A 区具有良好的级配，最大粒径达到 60cm，填筑厚度 0.9m；3B 区位于坝体下游，占总断面的 1/3，填筑层厚 1.35m，级配比 3A 区略宽，以坚硬干净的石料为主。

2）采用带有灌浆帷幕的混凝土底座取代截水槽。地基进行帷幕灌浆与固结灌浆处理。帷幕灌浆孔平行于坝轴线，倾斜 45°以切割顺河向的垂直节理系统、层面剪切及其相连的节理系统。帷幕灌浆孔深度达 1/2 水头。

3）设置特殊堆石料区以改善坝体局部工作特性。在混凝土底座临近区，采用层厚 12cm、最大粒径小于 10cm 的 2 区堆石料压实填筑，以降低底座与面板连接部位的坝体变形。在 3A 区上游侧与 2 区毗连的 3m 范围内，设置最大粒径小于 37.5cm 的过渡区，以

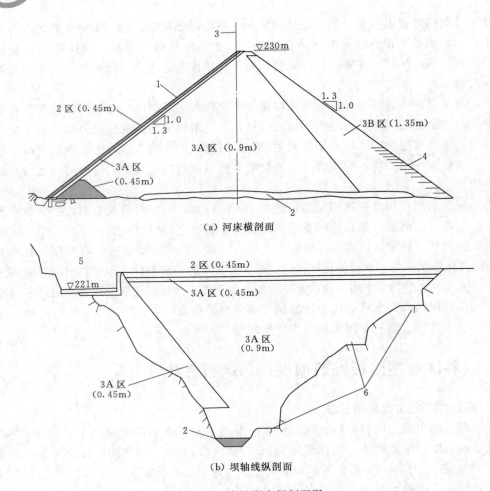

（a）河床横剖面

（b）坝轴线纵剖面

图 1.1　塞沙那大坝剖面图

1—钢筋混凝土面板；2—河床砂砾层；3—坝轴线；4—钢筋网护面锚筋；5—溢洪道；6—施工交通道

防止面板渗漏将 2 区内细料带走。在陡坡部位采用层厚 45cm 的 3A 区筛选细料填筑，以降低坝体变形。

4）坝体填筑到顶后浇筑混凝土面板，面板垂直缝都是平接缝，缝间无填料（图 1.2）。混凝土面板厚度公式为 $T=0.3+0.002H$，采用双向配筋，在靠近两岸坝坡区增加配筋以应对可能出现的拉应力。

5）混凝土面板分块宽度 12.2m。为应对坝肩部位可能出现的拉应力，在面板靠近两岸处增设垂直缝。面板周边缝设置了两道止水，其中橡胶止水距面板表面 150mm，面板底部设 W 型铜止水，缝中填充 12mm 厚坚硬松木板。

（2）塞沙那坝自 1971 年 4 月蓄水以来，水库通常保持在正常蓄水位（221m 高程）运行。坝区年降水量为 2030mm。

塞沙那混凝土面板堆石坝运行十年的监测结果如下：

1）坝顶位移。1971 年 2 月 4 日水库蓄水至 1982 年 11 月 18 日坝顶沉降和水平位移沿坝轴线分布如图 1.3 所示，典型日期最大值见表 1.2。

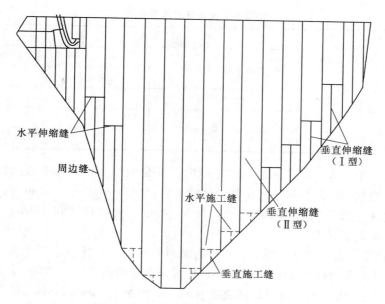

图 1.2　塞沙那大坝面板接缝系统设置

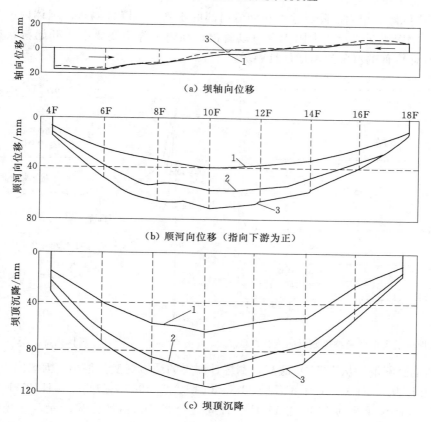

（a）坝轴向位移

（b）顺河向位移（指向下游为正）

（c）坝顶沉降

图 1.3　坝顶位移

1—1971 年 12 月；2—1975 年 10 月；3—1980 年 1 月

表1.2　　　　　　　　　　坝顶的最大沉降与水平位移　　　　　　单位：mm

时　间	沉降	水　平　位　移		
		指向下游水平位移	坝　轴　向　位　移	
			指向右岸	指向左岸
1971年12月	68	40	18	7
1975年10月	100	61	15	6
1980年11月	114	74	16	8

图1.4为坝顶最大沉降及顺河向位移随时间变化曲线。由表1.2以及图1.4可以看出，最初两年内坝顶沉降与水平向位移变化量最大，1973年年底至1980年，沉降和水平向位移的变化速率趋于稳定，每年的增长约3～4mm。轴向位移在10年内无明显变化，左岸位移较右岸附近稍大。

2）面板挠度。面板挠度由固定在面板上测斜管测得。水库蓄水7个月后，在中心断面高程183m处测得的最大挠度为118mm，最大挠度点略高于1/2坝高。其后9年中，该处挠度缓慢增加至140mm。面板顶部挠度由85mm增加至146mm。体现出了狭窄河谷高面板坝明显的流变效应。

3）坝内沉降。坝内沉降由埋设在坝体内部的水管式沉降计测得。坝体内沉降随时间的变化曲线如图1.5所示。由图1.5可以看出，坝内沉降主要集中于开始蓄水后的两年内，之后坝体内部的沉降逐渐增加且趋缓。

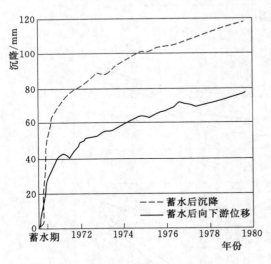

图1.4　坝顶最大沉降及挠度随时间变化曲线

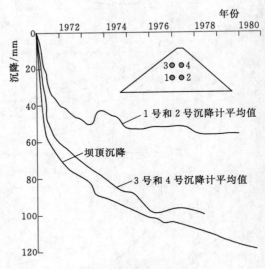

图1.5　坝体内部沉降

4）其他监测值。从1971年底起，测缝计测得的周边缝变位很小。河床内上游坝趾周边缝最大开度从1971年11月8日的11.5mm增大至1980年11月8日的11.7mm。图1.6所示为从蓄水开始到1980年11月8日周边缝张开、错动位移增量。在坝体渗流方面，1971年底渗水量为35L/s，此后4年内逐渐减小为10L/s，再以后5年几乎保持不变。

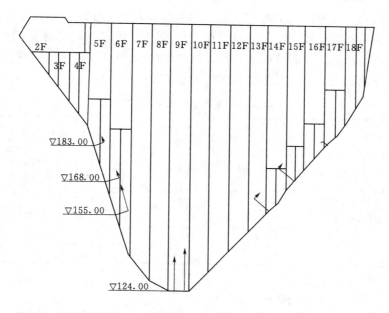

图 1.6　从蓄水开始到 1980 年 11 月 8 日周边缝张拉和错动位移增量

塞沙那混凝土面板堆石坝是最早修建的坝高超过 100m 的面板堆石坝，坝址处河谷狭窄两岸陡峻，属于典型的狭窄河谷地区高面板堆石坝。长期监测资料显示，坝体的沉降较小，沉降速率缓慢；面板保持双向受压状态，未出现开裂破坏；周边缝开度较小；坝体的渗流较小；坝体长期运行性态良好。说明采用高质量、级配良好、薄层填筑和碾压的堆石可以获得很高的变形模量，实现对狭窄河谷地区高面板坝的变形以及面板开裂的有效控制。

1.3.2　格里拉斯混凝土面板堆石坝

格里拉斯坝是一座位于哥伦比亚的混凝土面板砂砾石坝。坝高 125m，坝址两岸极为陡峻，河谷宽高比仅为 0.87。该坝于 1976 年 10 月开始建设，竣工于 1978 年 6 月，到 1982 年 6 月水库完成首次蓄水。

20 世纪 70 年代初期，混凝土面板和接缝的设计和经验已经较为成熟，同时塞沙那混凝土面板堆石坝等工程的成功运行为该坝建设提供了参考。

1.3.2.1　格里拉斯坝的设计与施工特点

（1）坝体分区与填筑。坝体共分为 5 个填筑材料区（图 1.7 和表 1.3）。混凝土面板

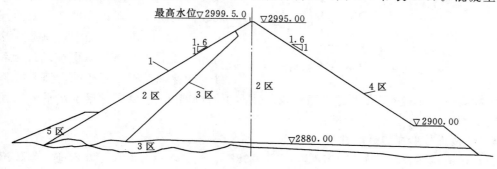

图 1.7　格里拉斯坝典型剖面

下卧支撑层区采用处理过的含泥砾石，最大的粒径不超过 0.15m，碾压层厚 0.6m。2 区采用未处理的含泥砾石，最大粒径不超过 0.6m，碾压层厚 0.6m。3 区采用经过处理的干净砾石以增强排水能力，最大粒径不超过 0.3m，碾压层厚 0.6m。坝趾与坝踵区域另外分别以粉砂质黏土和超径砾石设置不透水区与下游护坡。

表 1.3 　　　　　　　　　　　　　格里拉斯坝填筑材料分区说明

分区	说　　明	最大粒径 /m	层厚 /m	压 实 方 法	填筑体积 /m³
1 区	经处理的含泥砾石	0.15	0.60	平面：10t 振动碾碾压 4 遍 坡面：振动碾碾压 4 遍	66000
2 区	未处理的含泥砾石	0.60	0.60	10t 振动碾碾压 4 遍	114200
3 区	经处理的干净砾石	0.30	0.60	10t 振动碾碾压 2 遍	52000
4 区	2 区的超径砾石	1.20	—	—	18000
5 区	粉砂质黏土	—	0.30	推土机	22000

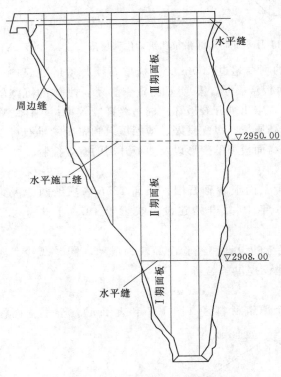

图 1.8　格里拉斯坝面板及接缝设计

（2）面板与止水设计。混凝土面板厚度按照 $T = 0.3 + 0.0037H$ 设计，面板共分为 8 块，块间设垂直接缝（图 1.8）。垂直缝间设置止水铜片，同时为防止面板可能发生较大变形，高程 2908m 以上增设了 PVC 止水。周边缝设置了 3 种止水：底部设铜片止水并配以氯丁橡胶管；中部使用 PVC 止水；缝表面覆盖玛蹄脂并用 PVC 薄膜覆盖。在 2908m 高程和 2950m 高程处设置两条水平接缝，并增设了 PVC 和铜片止水。

（3）坝基处理。格里拉斯面板坝所在峡谷由下白垩纪的页岩与砂岩组成，地质节理接近垂直，峡谷呈 U 形，坝头坡度为 70°。由于岸坡很陡，按照传统的坝基底座开挖方式将带来很大的开挖方量。在实际建设过程中，坝基开挖仅清除表层土和大部分崩积物，面板基础处河床冲积物则全部挖除。灌浆帷幕深度约为坝高的 1/3，灌浆孔平行于坝轴线，并向下游倾斜 45°，以穿过近于水平的层面和垂直的节理。

1.3.2.2　格里拉斯坝的运行性状

（1）格里拉斯大坝竣工于 1978 年 6 月，1982 年 6 月第一次蓄水。蓄水前，坝体沉降最大值为 39cm。由于峡谷极为陡峻，峡谷中心的沉降量和坝头附近的沉降量几乎相同。

坝体下游坡的沉降较小，水平位移可忽略不计。坝顶向上游位移最大值为 10mm，沉降最大值为 20mm。面板在坝顶处沉降最大，下部面板略有抬高。

（2）蓄水分两个阶段进行：第一阶段水位达到 1/2 坝高前渗漏逐渐增加但较为稳定，蓄水至 2960m 高程时，渗漏急剧增加 5 倍，总量为 520L/s。通过降低库水位调查发现周边缝有少量渗漏，对 2917～2922m 高程处的最大渗漏源进行了修补，但渗流量未能降低，进一步降低水位至 2915m 高程，检查发现，主要的渗漏源位于周边墙与坝头岩石的接触面。对该部位修补完成后，进行第二阶段的蓄水，随着库水位的升高，渗漏量仍不断增大，因此再次降低库水位，对周边墙以上坝头岩石进行局部处理，并增加较大接缝的局部处理工作。在对混凝土面板和接缝进行修补时，发现周边墙附近有部分混凝土由于压应力产生了裂缝，在右岸周边缝中，PVC 止水沿中心管发生剪切破坏，这是面板的不均匀沉降以及面板边缘刺破密封止水所致。处理后发现渗漏量明显降低。

（3）蓄水后观测发现，受库水荷载影响，坝体内沉降在靠近上游面板处最大，达到 13cm（图 1.9）。下游坡的位移很小，最大值不足 1cm。坝体下半部的混凝土面板沉降最大，达到 36mm。

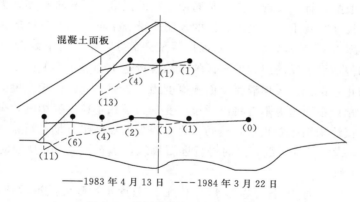

图 1.9　格里拉斯坝蓄水后沉降测值

格里拉斯混凝土面板堆石坝河谷宽高比不足 1.0，坝址两岸极为陡峻，大坝初次蓄水后的坝体变形分析证实，靠近坝头的沉降量与峡谷中心的沉降量接近，因此周边缝的位移主要是垂直位移。由于两岸岸坡陡峻，加之填筑料为压缩性较低的砾石，因此坝体的拱效应明显，坝体整体变形虽较小，但坝体沿岸坡发生了较大的滑动位移，导致了周边缝的破坏，造成了严重的渗漏。实践证明，对于狭窄河谷地区的高面板堆石坝，应当尽量避免混凝土面板周边止水缝的剪切破坏，另外，应当使用可密封渗漏通道的接缝覆盖材料。

1.3.3　安奇卡亚混凝土面板堆石坝

安奇卡亚（Anchicaya）面板堆石坝修建于 1970—1974 年。该坝位于哥伦比亚西部，坝高 140m，上下游坝坡均为 1∶1.4，坝体的宽高比为 1.86，坝址岸坡陡峻，属于狭窄河谷。

（1）坝体分区。坝体大致分为 5 个材料区。面板下卧的过渡区采用级配良好、最大粒径 0.30m 的堆石料。主堆石区采用级配良好、最大粒径 0.60m 的堆石料。次堆石区与主堆石区类似，但细料含量更多。另外，在坝体上下游下部分别设置反滤层与排水区，如图1.10所示。

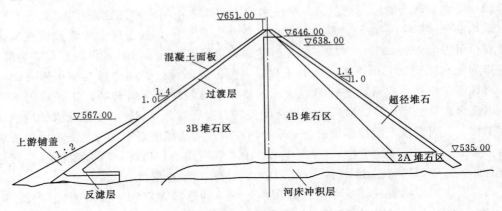

图1.10 安奇卡亚坝典型剖面（单位：m）

（2）堆石料级配设计。安奇卡亚坝是同期最高的混凝土面板堆石坝，为了控制坝体的沉降变形，坝体设计时着重关注主堆石区的控制质量。主堆石区有良好的级配，不均匀系数接近14，平均密度接近 2.28t/m³。过渡区级配亦良好，不均匀系数为19。在坝体与河床冲积层接触部位铺设了反滤层。堆石区的压缩模量达 1000～1700kg/m²。

（3）面板与止水设计。大坝混凝土面板厚度为 0.3～0.7m，面板宽度为15m。由于坝趾处岸坡很陡，预计在周边缝附近将出现拉应变。为了减小拉应变影响，采用平行于岸坡的周边铰接板。接缝采用橡胶止水，缝间填充木板。面板施工分期进行：一期面板首先浇筑到 564m 高程，设水平施工缝，同时进行堆石填筑，填筑至 620m 高程时开始其他部分的面板施工。

水库于1974年10月19日开始蓄水，10月24日库水达到溢洪道堰顶高程634m。蓄水过程中坝体渗漏持续增加，最大漏水量达到1800L/s。经过初步检查发现，大部分渗漏发生在周边缝的局部位置，尤以大坝右岸为重。经放水检查后发现，混凝土面板没有大的裂缝、断裂或剥落，仅在面板中部发现细小的裂缝。在坝左岸，567～620m 高程处的所有周边缝都已张开。在坝右岸，597～623m 高程的所有周边缝都已张开，同时铰接板内侧缝从567m 到590m 高程的较低部位也有张开。对渗漏点进行修补后，大坝在1974年12月8日重新开始蓄水，至1975年3月2日到达最高水位646m 高程，此时渗漏量稳定在180L/s 左右。

监测资料表明，坝体的位移相对均匀且量值不大，第二次蓄水后坝顶最大沉降仅为6cm，8年后总的沉降量为14cm，沉降趋于稳定。除坝肩与坝顶附近外，混凝土面板大部分区域为受压区。

安奇卡亚面板坝运行情况说明，采用级配良好的堆石料以及振动碾压施工，可有效控制坝体的沉降变形，由于坝址两岸陡峻，坝体与岸坡接触部位应力及变形情况复杂，周边缝在水库初次蓄水时发生张开与水平错动，造成了渗漏（图1.11）。经过补救处理后，渗漏得到有效的控制。

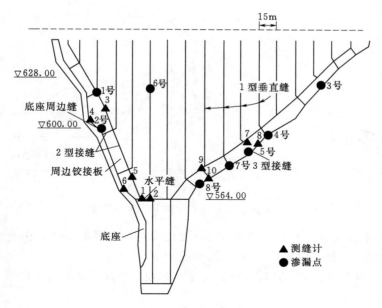

图 1.11　安奇卡亚坝面板渗漏点及测缝计位置

1.3.4　洪家渡水电站混凝土面板堆石坝设计与运行性状

洪家渡面板堆石坝位于贵州省乌江干流北源六冲河下游，是乌江干流 11 个梯级电站中的龙头电站，电站正常蓄水位为 1140m，死水位为 1076m，总库容为 49.47 亿 m³，调节库容为 33.61 亿 m³，属于多年调节水库。工程于 2000 年 11 月开工，2004 年 4 月 6 日下闸蓄水。大坝坝址河谷呈不对称的 V 形，其中左岸陡峭。最大坝高为 179.5m，河谷宽高比为 2.38∶1，属于狭窄河谷面板堆石坝。

1.3.4.1　大坝设计

（1）大坝坝顶高程为 1147.5m，坝顶宽为 10.95m，上、下游坝坡坡度均为 1∶1.4，坝体填筑方量约为 920 万 m³。

（2）大坝按材料分为 7 个区域，即垫层区、过渡区、主堆石区、次堆石区、排水堆石区、上游黏土铺盖区，如图 1.12 所示。

1）垫层区。水平宽度为 4m，考虑到岸坡与河床接触渗透稳定要求，垫层料在河床部位向下游延伸 30m，岸坡部位延伸 20m。垫层料设计干密度为 2.05g/cm³，渗透系数为 $1.5×10^{-3}$ cm/s。

2）过渡区。过渡区顶宽为 4m，底部最大水平宽度 10.85m，过渡料最大粒径为 200～400mm，设计干密度为 2.19g/cm³，孔隙率为 19.69%。

3）主堆石区（3B）。过渡区与次堆石之间为主堆石区，由于岸坡陡峻，在左岸主堆石高程 1010.00～1142.70m，距河谷中心线 50m 以外设置特别碾压区，填筑厚度为 80cm，设计干密度为 2.19g/cm³。

4）次堆石区（3C）。次堆石区为料场开采灰岩料和建筑物开挖的灰岩料，前期填筑厚度为 120cm，后期采用冲碾压实填筑厚度为 160cm。

5）排水堆石区。为保证坝脚排水通畅在次堆石下部设置排水堆石区。

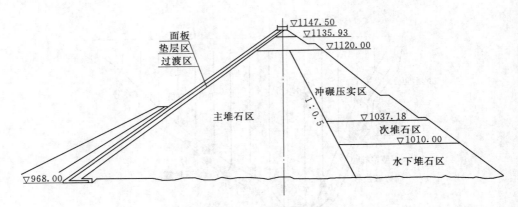

图 1.12　洪家渡面板堆石坝典型剖面（单位：m）

6）上游黏土铺盖区。为了封堵面板以及周边缝可能出现的裂缝，在上游面板 1056m 高程以下设置黏土铺盖，顶宽为 8m，上游坡度为 1∶2.0。

（3）由于坝区河谷狭窄，边坡较陡，为了改善坝体和陡岸坡的连接，采取了以下措施控制坝体变形：

1）选用中等硬度以上的堆石料。洪家渡选取中等硬度以上的灰岩堆石料，比重为 2.71～2.74，吸水率为 0.36%～0.41%，天然抗压强度为 92～118.9MPa，饱和抗压强度为 69.1～92.3MPa，软化系数为 0.58～0.92。

2）提高堆石料压实度。以最大沉降率 1% 为控制目标，经过碾压试验制定灰岩坝料孔隙率为 20%，相应干密度为 2.18～2.19g/cm³，大部分主堆石区和次堆石区采用相同的控制标准。

3）坝内陡边坡修补整形与增模碾压。对坝体趾板内坡以及上游侧坝基陡坡、不平整陡坎地带采用低标号的混凝土进行修补整形，使得处理后坡度不陡于 1∶0.3～1∶0.5。在坝内左岸大部分、右岸局部坡度大于 1∶0.5 的陡峭地带，增加增模碾压区域，密实度与过渡料相当，减小岸坡部位堆石体变形梯度。

1.3.4.2　大坝运行性状

为了防止施工期坝体自然沉降对面板变形的不良影响，洪家渡面板堆石坝面板施工前安排了 3 个月的自然沉降期，并着重加强对坝体变形的监测。根据何平等报道的数据，大坝沉降观测分 3 个阶段：

（1）一期面板浇筑前及浇筑期。2002 年 9 月，大坝上游堆石体填筑到 1031m 高程，下游端堆石体填筑到 99m 高程，上游施工停留 3 个月，12 月中旬开始进行一期面板施工浇筑，至 2003 年 3 月完成一期面板混凝土浇筑（至高程 1025m）。期间通过位于高程 1002m 处的沉降测点进行观测记录。观测记录显示，上游堆石体经过 3 个月的自然沉降，累积沉降量为 151.3mm，一期面板浇筑完成时，总沉降量为 159.7mm，即浇筑期仅有 8.4mm 的沉降。堆石体的沉降速率逐月下降，面板浇筑完成时，沉降已达稳定。

（2）二期面板浇筑前及浇筑期。2003 年 11 月中旬，坝体上游填筑到高程 1056m 高程处，停止填筑进入自然沉降期。观测记录显示，在自然沉降期，坝体沉降的规律与一期面板施工前后类似，坝体的沉降量较小且沉降的速率逐渐降低。随着下游段填筑高度的增加以及库水位的上升，坝体的沉降有所增加，同时垫层出现局部裂缝。浇筑前后 3 个不同高程观测点的沉降速率如图 1.13 所示。

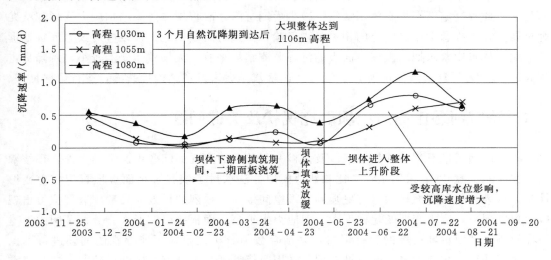

图 1.13　二期面板浇筑前后坝体沉降速率过程线

（3）三期面板浇筑前及浇筑期。2004 年 10 月中旬，坝体堆石体填筑完成。达到 1144.7m 高程，库水位升至 1090m 高程，进入三期面板沉降期及浇筑期。1105m 高程垫层料内测点观测记录显示，堆石体 3 个月内便完成其沉降总量的 95.3%，后期的沉降量很小。

图 1.14 所示为洪家渡水电站面板堆石坝填筑完成 14 月后河床最大剖面实测沉降分布，最大沉降点位于高程 1055m 坝轴线下游 30m 处，从沉降分布规律看，下游次堆石沉降较主堆石区略大。监测资料表明，至 2007 年 3 月，坝体最大沉降 133.6cm，约占坝高的 0.74%，周边缝张开最大值为 6mm，沉降最大值为 13mm，剪切最大值为 8mm，远低于设计极限值。

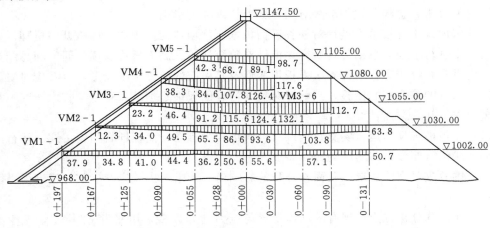

图 1.14　洪家渡面板坝填筑完成 14 月后河床断面实测沉降
（单位：高程、桩号为 m，沉降为 cm）

1.3.4.3　洪家渡混凝土面板堆石坝运行评价

洪家渡面板坝是建在峡谷地区的高面板堆石坝，河谷狭窄两岸陡峭，大坝的三维响应明显。因此提高施工期堆石体压实度，减少后期沉降，改善坝体防渗结构应力变形现状尤为重要。该工程参考了国内外的相关工程经验，并进行大量优化设计以应对狭窄河谷地形的影响。从水库蓄水期的坝体及面板的沉降监测结果来看，大坝整体变形较小，沉降量占坝高的 0.74%，日常渗漏量为 7～20L/s，面板竣工后未发现结构性裂缝，运行情况良好。

1.4　狭窄河谷区高面板坝研究现状及关键问题

峡谷区面板堆石坝在坝体变形以及面板开裂等方面出现的问题引起了国内外工程技术人员关注。文献［9］采用工程类比和数值模拟方法探讨了峡谷区高面板堆石坝应力变形性状，认为峡谷区高面板坝具有更强的三维空间效应，强烈的拱效应导致坝肩部位可出现应力集中现象，应力变形变化梯度大、剪应力水平高、面板接缝变形大。分析了国内外建造在峡谷区高面板堆石坝的运行资料，并结合数值分析结果对可能存在的问题进行了探讨。文献［10］结合洪家渡面板堆石坝，采用数值计算与大型离心模型试验的方法，研究了修建于峡谷区中高面板堆石坝的应力、变形分布规律，以及面板周边缝的变形特点，研究结果表明：河谷的地形条件对面板应力变形有着显著的影响，峡谷区面板堆石坝变形量相对较小，但堆石沉降变形的变化梯度大，在水荷载作用下，河床段的面板呈双向受压状态，但两坝肩部位会出现明显的拉应力区，不利于面板安全。文献［5］分析格里拉斯大坝沉降资料发现，竣工期坝头部位和河谷中心的沉降量几乎相同，说明施工期坝体与岩石岸坡之间存在滑移，蓄水后接触部位强度衰减出现的接触流变，可能会导致坝体产生新的不均匀变形，针对堆石坝体与两岸岸坡的接触问题，提出了陡坡峡谷地区面板堆石坝坝肩摩擦接触模型。该模型用可以沿接触面滑动的支座来模拟堆石与岸坡的接触，并且假定与岸坡接触的堆石节点在岸坡的法线方向固定，而在沿岸坡的切线方向可以滑移。进一步通过定义接触摩擦角的衰减规律模拟坝体与岸坡的接触滑移，并用该模型对狭窄河谷面板坝进行了变形分析，解释了这种滑移对周边缝剪切破坏的影响。

目前国内外工程技术人员针对峡谷区面板堆石坝坝体变形规律、面板开裂机理以及工程施工技术进行了较多总结分析研究，但针对狭窄河谷区高面板堆石坝的研究和总结显得更少，更没有系统研究狭窄河谷区面板坝变形及其引起的防渗系统变形，以及应对防渗系统变形能采取的综合控制措施。当前针对狭窄河谷面板堆石坝筑坝理论与技术研究不足主要体现在以下几个方面：

（1）面板堆石坝的运行实测数据以及资料仍较为匮乏，面板堆石坝施工期、运行期应力变形性状仍需要理论与实际的相互验证。

（2）拱效应对坝体变形以及面板开裂的影响尚不清晰，拱效应产生演化机理尚不能很好解释。

（3）在计算分析方面，现有的坝体变形与应力计算大多采用邓肯-张模型，该模型属于非线性弹性模型，无法描述堆石体的体积变化特征。另外，目前监测资料表明，狭窄河谷面板坝后期流变效应明显，现有的流变模型多从试验宏观现象建立流变量的数学表达式，缺乏从变形内在机理上建立的流变模型。

（4）对防渗体安全缺乏整体系统的评价分析。堆石坝的建造以及运行过程中，混凝土面板与接缝构成的防渗体系安全影响因素非常复杂，与河谷形态、筑坝料力学性质、材料分区、填筑标准、施工温度控制、后期养护等均有关系。目前，高面板坝防渗系统的安全研究尚不系统。

狭窄河谷区面板堆石坝计算理论

第2章

计算机及现代计算技术的不断发展使得大型工程的二维、三维数值仿真成为可能。面板堆石坝的数值仿真主要考察坝体在自重与库水荷载下的应力应变特征。通过对坝体及其边界条件的建模、分析，可以定性、定量地分析狭窄河谷地形对堆石坝坝体、面板的变形及应力分布特征的影响，进而可以对坝体的分区、施工顺序进行优化。堆石坝的三维数值仿真分析包含两个关键的内容：数值方法的选取与材料模型的选取。有限单元法是目前求解大规模力学初边值问题理论最为成熟、应用最为广泛的方法，该方法已被广泛地应用到土石坝的应力应变分析当中，并被证明可胜任坝体的静动力分析。土体作为一种散粒体材料，具有强烈的非线性性质，目前各类本构模型已不下百个，但尚无一种模型能够同时胜任各类土体力学行为的描述。因此对堆石坝进行有限元计算必须根据工程中所关心的力学问题选取合适的堆石体本构模型。常规的面板坝有限元分析案例中，通常直接将坝体与坝基的接触边界设为固定边界，狭窄河谷地区的面板坝两岸陡峻，堆石体可能沿坝肩发生滑动，从而造成周边缝止水系统的破坏。因此，在狭窄河谷区面板坝的数值仿真中，需对坝体与岸坡的接触特性进行考察，使数值模拟结果更接近于实际。

本章从筑坝材料本构模型和数值模拟方法理论两个方面对面板堆石坝计算理论进行阐述。首先简要介绍土体本构模型类型和其核心理论，然后从实用性角度着重介绍堆石坝有限元分析中广泛使用的几个本构模型。在数值模拟理论方面，介绍有限元数值方法的基本理论和面板堆石坝工程数值模拟中常用的几种单元类型。相较于常规的面板堆石坝，修建在陡峭河谷上的混凝土面板堆石坝，其坝体与岸坡的接触特性对坝体以及防渗体应力变形具有重要影响。本章总结和归纳了国内外研究人员在接触面力学特性及其本构模型方面的研究成果，对狭窄河谷区面板堆石坝坝体与岸坡接触效应模拟具有指导意义。

2.1 筑坝堆石料常用本构模型

土体的稳定与变形是土力学最为关心的两类问题。在稳定性分析方面，通常依托于土体的强度条件（如 Mohr – Coulomb 破坏准则）对土体进行极限平衡分析，分析过程中不考虑土体的变形特征。早期的土体变形采用弹性理论进行分析，计算设计中通常采用弹性解答并辅之以经验公式或经验系数。随着越来越多大型土工建筑物的修建，传统的弹性理论已无法胜任变形分析的任务，针对土体非线性力学行为的建模成为土力学理论研究的重点。土体作为一种多相材料，集颗粒材料与多孔介质的特点于一身，在不同密实度与压力水平下呈现出剪胀/剪缩、硬化/软化、颗粒破碎等十分复杂的力学特性。传统的连续介质力学建模方法将土体视为连续介质，通过一系列的试验总结出土体的宏观力学规律，并构建土体本构模型的抽象数学表达，进而预测土体的力学行为。20 世纪 60 年代 Roscoe 等提出了著名的剑桥模型（Cam - Clay model）以及临界状态（critical state）的概念，标志着现代土力学的开始。此后土体本构理论迅速发展，到目前土体本构模型已发展了不下百余种。土的静力本构模型可以大致划分为以下 4 类：

（1）超弹性（hyperelasticity）模型。材料服从线弹性或非线弹性应力-应变规律且应力-应变关系具有路径无关性。材料的应力-应变关系通过一个给定的弹性势函数 W 确定，即

$$\sigma_{ij} = \frac{\partial W}{\partial \varepsilon_{ij}} \tag{2.1}$$

此类模型中具有代表性的是邓肯-张模型。超弹性模型属于广义胡克定律，其体积变形与剪应力在数学形式上是解耦的，因此该类模型本质上无法描述土体在剪切作用下的体变特性。但该类模型数学表达简单，模型参数易于确定，在实际工程中得到较为广泛的应用。

（2）亚弹性（hypoelasticity）模型。材料的应力-应变关系通过一个张量函数的方程而非弹性势函数确定。该类模型可以反映应力-应变关系的路径依赖性，但其参数较多且物理意义不明确。

（3）超塑性（hyperplasticity）模型。超塑性本构模型即为传统的弹塑性本构模型。经典弹塑性理论的三大核心内容为屈服函数、流动方向和硬化准则。模型中包含一个或多个屈服面以及塑性势面，屈服面体现了材料的强度条件以及对加载历史的记忆，塑性势面则用以确定塑性流动的方向，硬化准则定义了屈服面在加载过程中的变化。传统的弹塑性本构模型中，应变增量（或应变率）被分解成为弹性部分与塑性部分。弹塑性模型中，本构关系的定义以及应变增量的分解定义为：

$$d\sigma = \boldsymbol{D}^{ep} : d\varepsilon \, ; d\varepsilon = d\varepsilon^e + d\varepsilon^p \tag{2.2}$$

早期的土体弹塑性模型借鉴金属塑性理论，以土体的强度条件作为屈服函数，因此此类模型（如 Mohr - Coulomb 模型与 D - P 模型等）更适合描述土体的稳定性问题。随着剑桥模型的建立以及临界状态概念的引入，现代土体弹塑性本构模型开始具备描述土体变形过程的能力。在此建模体系基础上，近几十年研究人员又提出并发展了诸如边界面塑性理论（bounding surface plasticity）、次加载面塑性理论（subloading surface plasticity）、广义塑性理论（generalized plasticity）等本构理论。

值得注意的是，该类模型中若选取的塑性势函数与屈服函数相同或只相差一个常数项，则模型称为关联流动模型，否则为非关联流动模型。实践证明，关联的流动模型往往给出过大的体积变形预测，因此岩土类材料又通常称为非关联材料。在本构模型的数值实施过程中，非关联流动模型将产生非对称的本构矩阵，为问题的求解带来一定的难度，因

此许多数值分析常采用关联流动模型。

（4）亚塑性模型（hypoplasticity）。与亚弹性模型类似，亚塑性模型中应力-应变关系通过一个各向同性的张量函数方程确定。亚塑性模型中，应变率不再人为地分解为弹性部分与塑性部分，张量方程分成线性项与非线性项。典型亚塑性模型的数学形式如下：

$$\dot{\boldsymbol{\sigma}} = \overset{4}{\boldsymbol{L}} : \dot{\boldsymbol{\varepsilon}} + \boldsymbol{N} \parallel \dot{\boldsymbol{\varepsilon}} \parallel \tag{2.3}$$

式中：$\dot{\boldsymbol{\sigma}}$ 代表客观应力率；$\overset{4}{\boldsymbol{L}}$ 为四阶张量；$\boldsymbol{N}$ 为二阶张量。

式（2.3）右侧第一项为线性项，决定了模型的基本力学响应；第二项为非线性项，体现了土体的非线性力学行为。

亚塑性模型建立在理性力学的基础上，旨在描述砂土等具有强烈非线性性质的散粒材料的力学行为。相比于金属材料，砂土等散粒材料的变形主要由颗粒的相对位移引起。这种颗粒移动造成的变形在应变量很小时即为不可逆。因此此类材料没有明显的屈服点，没有严格的加卸载或弹塑性变形的分界线。另外砂土、堆石料等散粒材料还具有强烈的密度相关性（压硬性）以及剪胀/剪缩性：材料的孔隙比越小，其压缩、剪切弹模和抗剪强度就越高；松散材料受剪时体积会收缩，密实材料受剪时体积则会膨胀。相较于黏土，砂土对应力历史的记忆较弱，在经历大的变形后，砂土的应力状态通常独立于初始密度与组构特性，即所谓的记忆擦除（sweep out of memory）效应。亚塑性模型可以较好地描述上述土体的力学性质，但该类模型在模拟循环加载时通常无法形成滞回圈，产生所谓的棘轮效应，导致永久变形的过度积累。

堆石坝除了填筑期发生的瞬时变形之外，在长期运行过程发生的流变变形也不可忽略。另外，近些年地震频发，强震区土石坝地震安全也备受关注，为了反映堆石料的流变变形以及动力加载响应，众多学者相继展开了筑坝堆石料流变模型与动力模型的研究。

在土体动力模型构建方面，广义塑性理论具有表达灵活的优点，已在工程中得到了初步应用。但总体上，动力本构模型成功运用于实际土石坝工程的报道极少，主要是因为多数动力弹塑性本构模型参数确定复杂、动力弹塑性本构模型在地震过程等复杂应力路径下适应性欠佳所致。目前国内外对于土体动力本构模型的研究相当活跃，尽管本构建模的理论体系有很大的选择空间，但建立一个模型参数简单、应力路径适应性广的动力模型仍是一个很大的挑战。

筑坝堆石料流变模型主要用于模拟堆石体变形的时间效应，高土石坝产生后期变形的主要机理是堆石料在环境因素作用下的劣化效应和高接触应力下的颗粒破碎。坝体计算中忽略颗粒劣化破碎引起的流变会导致低估坝壳与防渗系统的变形量，并对高土石坝的长期安全性作出偏于危险的评价。例如，天生桥一级水电站面板堆石坝（最大坝高178m）在运行过程中坝体持续沉降超过1m，多次出现面板垂直缝挤压破损以及面板脱空等问题。

筑坝堆石料的流变本构模型大体可以分为两类，即实用的经验模型和复杂的高级模型。经验模型是在试验资料的基础上建立蠕变量与时间、最终蠕变量与应力状态之间的数学关系，如沈珠江提出的三参数模型采用指数型蠕变-时间曲线，假设体积蠕变和剪切蠕变分别只与围压和应力水平有关。复杂的流变本构模型多借助于弹塑性理论体系，从材料性质演化机理出发建立堆石料后期变形规律的数学模型。

以下对面板堆石坝工程中常用的几个本构模型理论进行介绍。

2.1.1　邓肯-张模型

邓肯-张模型属于非线性弹性模型，应力-应变关系服从广义胡克定律，邓肯和张 (1970) 以双曲线拟合三轴试验应力-应变曲线，得出切线杨氏模量和切线泊松比公式：

$$E_t = E_i(1 - R_f S_l)^2 \qquad (2.4)$$

$$\nu_t = \frac{G - F\lg(\sigma_3/P_a)}{\{1 - D(\sigma_1 - \sigma_3)/[E_i \cdot (1 - R_f S_l)]\}^2} \qquad (2.5)$$

其中

$$E_i = KP_a(\sigma_3/P_a)^n \qquad (2.6)$$

$$S_l = \frac{\sigma_1 - \sigma_3}{(\sigma_1 - \sigma_3)_f} \qquad (2.7)$$

$$R_f = \frac{(\sigma_1 - \sigma_3)_f}{(\sigma_1 - \sigma_3)_{ult}} \qquad (2.8)$$

$$(\sigma_1 - \sigma_3)_f = 2\frac{c\cos\varphi + \sigma_3\sin\varphi}{1 - \sin\varphi} \qquad (2.9)$$

式中：c、φ 为摩尔-库仑强度指标；R_f 为破坏比；K、n 为反映土体初始模量的材料参数；D、G、F 为反映土体切线泊松比的材料参数；P_a 为大气压力。

卸荷-再加荷条件下杨氏模量按下式计算：

$$E_{ur} = K_{ur}P_a(\sigma_3/P_a)^n \qquad (2.10)$$

式中：K_{ur} 为另一材料参数。

邓肯等 (1980) 建议以切线体积模量 B_t 取代 ν_t：

$$B_t = K_b P_a(\sigma_3/P_a)^m \qquad (2.11)$$

同时对非黏性土，采用下列变化的内摩擦角：

$$\varphi = \varphi_0 - \Delta\varphi\lg(\sigma_3/P_a) \qquad (2.12)$$

式中：φ_0 为 σ_3 等于 1 个大气压时的 φ 角；$\Delta\varphi$ 为 σ_3 增加 10 倍时 φ 角的减少量。

相应的计算参数减为 7 个，即 φ_0、$\Delta\varphi$、R_f、K、n、K_b、m，其中 φ_0、$\Delta\varphi$ 为材料强度参数；R_f 为破坏比；K、n 为反映土体初始模量的材料参数；K_b、m 为反映材料体积模量的参数。

邓肯-张模型建立在广义胡克定律的弹性理论之上，材料的弹性参数 E、ν（或 K、G）与当前的应力水平联系起来以反映材料的非线性。该模型参数简单且易于确定，是目前土石坝计算应用最为广泛的本构模型之一。但是该模型受限于其理论的基础，无法反映加载历史的影响，无法描述堆石料剪力与体变的耦合现象，具有一定的局限性。

2.1.2　"南水"双屈服面弹塑性模型

针对堆石料的力学行为特点，沈珠江院士提出了"南水"双屈服面弹塑性模型。与其

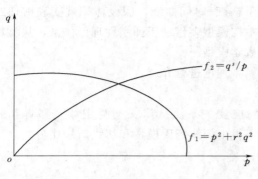

图 2.1 "南水"模型双屈服面

他模型相比，该模型可以考虑堆石体的剪胀和剪缩特性，能够较为真实地反映坝体的应力应变性状，同时该模型在有限元中较易于数值实现。

"南水"双屈服面弹塑性模型的两个屈服面如图 2.1 所示，表达式为

$$\left. \begin{array}{l} f_1 = p^2 + r^2 q^2 \\ f_2 = q^s / p \end{array} \right\} \tag{2.13}$$

$$p = \frac{1}{3}(\sigma_1 + \sigma_2 + \sigma_3)$$

$$q = \frac{1}{3}\sqrt{(\sigma_1 - \sigma_2)^2 + (\sigma_2 - \sigma_3)^2 + (\sigma_1 - \sigma_3)^2}$$

式中：p 为八面体正应力；q 为八面体剪应力；r 为椭圆的长短轴之比；s 为幂次。

双屈服面模型应变增量表达式为

$$\{\Delta \varepsilon\} = [D]^{-1}\{\Delta \sigma\} + A_1\{n_1\}\left\{\frac{\partial f_1}{\partial \sigma}\right\}^{\mathrm{T}}\{\Delta \sigma\} + A_2\{n_2\}\left\{\frac{\partial f_2}{\partial \sigma}\right\}^{\mathrm{T}}\{\Delta \sigma\} \tag{2.14}$$

式中：$[D]$ 为弹性矩阵；$\{n_1\}$ 和 $\{n_2\}$ 为屈服面法线方向余弦。

A_1 和 A_2 为塑性系数，可按下式计算

$$\left. \begin{array}{l} A_1 = \dfrac{1}{4p^2} \dfrac{\eta\left(\dfrac{9}{E_t} - \dfrac{3\mu_t}{E_t} - \dfrac{3}{G}\right) + \sqrt{2}s\left(\dfrac{3\mu_t}{E_t} - \dfrac{1}{K}\right)}{\sqrt{2}\,(1 + \sqrt{2}r^2\eta)(s + r^2\eta^2)} \\[6mm] A_2 = \dfrac{p^2}{q^{2s-2}} \dfrac{\left(\dfrac{9}{E_t} - \dfrac{3\mu_t}{E_t} - \dfrac{3}{G}\right) - \sqrt{2}r^2\eta\left(\dfrac{3\mu_t}{E_t} - \dfrac{1}{K}\right)}{\sqrt{2}\,(\sqrt{2}s - \eta)(s + r^2\eta^2)} \end{array} \right\} \tag{2.15}$$

$\eta = q/p$，G 和 K 分别为弹性剪切模量和体积模量，可按下式计算

$$G = E_{ur}/2(1+\nu), \quad K = E_{ur}/3(1-2\nu) \tag{2.16}$$

ν 为弹性泊松比，可取 0.3；E_{ur} 为卸荷回弹模量，按下式计算：

$$E_{ur} = K_{ur} P_a \left(\frac{\sigma_3}{P_a}\right)^n \tag{2.17}$$

式中：K_{ur} 为回弹模量系数。

式（2.15）中切线杨氏模量 E_t 和切线体积比 μ_t 为模型的两个基本变量，表达为

$$E_t = K P_a \left(\frac{\sigma_3}{P_a}\right)^n (1 - R_f S_l)^2 \tag{2.18}$$

$$\mu_t = 2C_d \left(\frac{\sigma_3}{P_a}\right)^{n_d} \frac{E_t R_s}{\sigma_1 - \sigma_3} \frac{1 - R_d}{R_d}\left(1 - \frac{R_s}{1 - R_s} \cdot \frac{1 - R_d}{R_d}\right) \tag{2.19}$$

其中

$$R_s = R_f S_l$$

式中：P_a 为大气压；K 为杨氏模量系数；n 为切线杨氏模量 E_t 随围压 σ_3 增加 K 而增加的幂次；R_f 为破坏比；S_l 为应力水平，见式（2.7）；R_d、C_d 和 n_d 为计算参数，C_d 对应于 σ_3 等于单位大气压力时的最大收缩体应变，n_d 为收缩体应变随 σ_3 的增加而增加的幂次，R_d 为发生最大收缩时的 $(\sigma_1 - \sigma_3)_d$ 与偏应力的渐近值 $(\sigma_1 - \sigma_3)_{ult}$ 之比。

南水双屈服面弹塑性模型有 8 个模型参数，分别为 K、n、R_f、c、φ、R_d、C_d 和 n_d，可由常规三轴试验结果整理得出。

"南水"双屈服面弹塑性模型的加卸荷准则如下：

$$f_1 > (f_1)_{\max}$$

$$f_2 > (f_2)_{\max}$$

当两式同时成立则表示加荷，两式都不成立时表示卸荷，其中之一成立时则表示部分加荷。

综上，"南水"模型弹塑性应力应变关系为：

$$
\begin{Bmatrix}
\Delta\sigma_x \\
\Delta\sigma_y \\
\Delta\sigma_z \\
\Delta\tau_{xy} \\
\Delta\tau_{yz} \\
\Delta\tau_{zx}
\end{Bmatrix}
=
\begin{bmatrix}
d_{11} & d_{12} & d_{13} & d_{14} & d_{15} & d_{16} \\
d_{21} & d_{22} & d_{23} & d_{24} & d_{25} & d_{26} \\
d_{31} & d_{32} & d_{33} & d_{34} & d_{35} & d_{36} \\
d_{41} & d_{42} & d_{43} & d_{44} & d_{45} & d_{46} \\
d_{51} & d_{52} & d_{53} & d_{54} & d_{55} & d_{56} \\
d_{61} & d_{62} & d_{63} & d_{64} & d_{65} & d_{66}
\end{bmatrix}
\begin{Bmatrix}
\Delta\varepsilon_x \\
\Delta\varepsilon_y \\
\Delta\varepsilon_z \\
\Delta\gamma_{xy} \\
\Delta\gamma_{yz} \\
\Delta\gamma_{zx}
\end{Bmatrix}
\tag{2.20}
$$

模量矩阵的诸元素为：

$$d_{11} = M_1 - P\frac{s_x + s_x}{q} - Q\frac{s_x^2}{q^2}, \quad d_{12} = M_2 - P\frac{s_x + s_y}{q} - Q\frac{s_x s_y}{q^2}, \quad d_{13} = M_2 - P\frac{s_z + s_x}{q} - Q\frac{s_z s_x}{q^2},$$

$$d_{14} = -P\frac{s_{xy}}{q} - Q\frac{s_{xy} s_x}{q^2}, \quad d_{15} = -P\frac{s_{yz}}{q} - Q\frac{s_x s_{yz}}{q^2}, \quad d_{16} = -P\frac{s_{zx}}{q} - Q\frac{s_x s_{zx}}{q^2},$$

$$d_{22} = M_1 - P\frac{s_y + s_y}{q} - Q\frac{s_y^2}{q^2}, \quad d_{23} = M_2 - P\frac{s_z + s_y}{q} - Q\frac{s_z s_y}{q^2}, \quad d_{24} = -P\frac{s_{xy}}{q} - Q\frac{s_{xy} s_y}{q^2},$$

$$d_{25} = -P\frac{s_{yz}}{q} - Q\frac{s_y s_{yz}}{q^2}, \quad d_{26} = -P\frac{s_{zx}}{q} - Q\frac{s_{zx} s_y}{q^2}, \quad d_{33} = M_1 - P\frac{s_z + s_z}{q} - Q\frac{s_z^2}{q^2},$$

$$d_{34} = -P\frac{s_{xy}}{q} - Q\frac{s_z s_{xy}}{q^2}, \quad d_{35} = -P\frac{s_{yz}}{q} - Q\frac{s_z s_{yz}}{q^2}, \quad d_{36} = -P\frac{s_{zx}}{q} - Q\frac{s_z s_{zx}}{q^2},$$

$$d_{44} = G - Q\frac{s_{xy}^2}{q^2}, \quad d_{45} = -P\frac{s_{yz}}{q} - Q\frac{s_{xy} s_{yz}}{q^2}, \quad d_{46} = -P\frac{s_{zx}}{q} - Q\frac{s_{xy} s_{zx}}{q^2},$$

$$d_{55} = G - Q\frac{s_{yz}^2}{q^2}, \quad d_{56} = -P\frac{s_{zx}}{q} - Q\frac{s_{yz} s_{zx}}{q^2}, \quad d_{66} = G - Q\frac{s_{zx}^2}{q^2}$$

其中

$$M_1 = B_p + \frac{4}{3}G, \quad M_2 = B_p - \frac{2}{3}G$$

$$
\left.
\begin{aligned}
B_p &= \frac{K\left(1 + \frac{2}{3}GB\right)}{1 + KA + GD} \\
P &= \frac{2}{3}\frac{GKC}{1 + KA + GD} \\
Q &= \frac{2}{3}\frac{G^2 D}{1 + KA + GD} \\
D &= \frac{2}{3}(B + KAB - KC^2)
\end{aligned}
\right\}
\tag{2.21}
$$

2.1.3 基于广义塑性理论的堆石料静动力统一变形模型

经典弹塑性理论的三大核心内容为屈服函数、流动方向和硬化准则，双屈服面模型中屈服函数同时用来确定加载方向和流动方向，直接运用三轴压缩试验结果确定塑性变形，未引入硬化参数和硬化准则。实际上，屈服函数、流动方向和硬化准则等经典概念均可以放弃，代之以直接定义相关的物理量，这就是广义塑性本构模型的基本特点，其本构方程为

$$d\boldsymbol{\sigma} = \left[\boldsymbol{D}^e - \frac{(\boldsymbol{D}^e : \boldsymbol{n}_g) \bigotimes (\boldsymbol{n}_f : \boldsymbol{D}^e)}{H + \boldsymbol{n}_f : \boldsymbol{D}^e : \boldsymbol{n}_g} \right] : d\boldsymbol{\epsilon} \tag{2.22}$$

式中：$\boldsymbol{D}^e$、$\boldsymbol{n}_g$、$\boldsymbol{n}_f$ 和 H 分别为弹性矩阵、单位塑性流动方向、单位加载方向和塑性模量。

通过定义剪胀方程、加卸载准则、塑性模量表达式等即可建立一个统一考虑应力应变滞回效应以及残余应变积累的动力弹塑性本构模型。

（1）加卸载准则。加载、卸载和再加载主要通过应力状态量的增减及其与历史最大值的关系判断，此模型中引入下述应力状态量

$$\zeta = \frac{q}{\sqrt{p p_a}} \tag{2.23}$$

式中：p、q 分别为平均应力和广义剪应力；p_a 为大气压力。

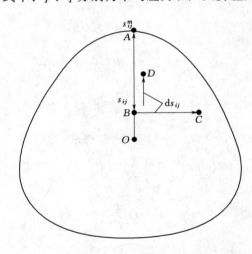

图 2.2 广义塑性模型初始加载、
再加载区分示意图

若记 ζ_m 为 ζ 的历史最大值，则初始加载的判断条件为

$$\zeta = \zeta_m; \mathrm{d}\zeta \geqslant 0 \quad \text{初始加载} \tag{2.24}$$

当 $\zeta < \zeta_m$ 且 $\mathrm{d}\zeta \geqslant 0$ 时，存在下述两种可能性（图 2.2）：

$$\zeta < \zeta_m; \mathrm{d}\zeta \geqslant 0; \begin{cases} (s_{ij} - s_{ij}^m)\mathrm{d}s_{ij} \geqslant 0 & \text{初始加载} \\ (s_{ij} - s_{ij}^m)\mathrm{d}s_{ij} < 0 & \text{再加载} \end{cases}$$

$$\tag{2.25}$$

式中：s_{ij}^m 为记录 ζ_m 时刻的偏应力张量。

当 $\zeta < \zeta_m$ 且 $\mathrm{d}\zeta < 0$ 时亦存在以下两种情形

$$\zeta < \zeta_m; \mathrm{d}\zeta < 0; \begin{cases} (s_{ij} - s_{ij}^m)\mathrm{d}s_{ij} \geqslant 0 & \text{卸载} \\ (s_{ij} - s_{ij}^m)\mathrm{d}s_{ij} < 0 & \text{再加载} \end{cases}$$

$$\tag{2.26}$$

对于不同的加载阶段，可以定义相应的剪胀方程和塑性模量表达式。

（2）切线模量、弹性模量和塑性模量。

1）初始加载阶段，堆石料的切线模量为

$$E_t = \left(1 - \frac{\zeta}{M_f^r}\right)^a k p_a \left(\frac{\sigma_3}{p_a}\right)^n \tag{2.27}$$

式中：k、n 和 a 均为参数；M_f^r 为材料达到破坏时的 ζ 值，可由式（2.28）确定。

$$M'_f = M_f \sqrt{\frac{p}{p_a}} = \frac{6\sin\varphi_f}{3-\sin\varphi_f}\sqrt{\frac{p}{p_a}} \tag{2.28}$$

2）卸载阶段，材料的切线模量由两部分线性组合而成，即：

$$E_t = (A_u k_{au} + B_u k) p_a \left(\frac{\sigma_3}{p_a}\right)^n \tag{2.29}$$

式中：k_{au} 为平均卸载模量参数。

两个组合系数分别为

$$A_u = \frac{\zeta}{\beta_u \zeta_m}; B_u = \frac{\beta_u \zeta_m - \zeta}{\beta_u \zeta_m} \tag{2.30}$$

由上述条件可知，当 $\zeta = \beta_u \zeta_m$ 时，$E_t = k_{au} p_a \left(\frac{\sigma_3}{p_a}\right)^n$；当 $\zeta = 0$ 时，$E_t = k p_a \left(\frac{\sigma_3}{p_a}\right)^n$，如图 2.3 所示。

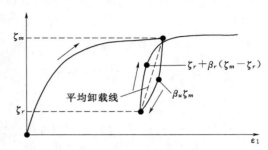

图 2.3　材料的加载、卸载与再加载

3）再加载阶段，材料的切线模量亦由两部分线性组合而成：

$$E_t = \left[A_r k_{au} + B_r k \left(1 - \frac{\zeta_m}{M'_f}\right)^\alpha\right] p_a \left(\frac{\sigma_3}{p_a}\right)^n \tag{2.31}$$

其中，两个组合系数分别为

$$A_r = \frac{(\zeta_m - \zeta)}{(1-\beta_r)(\zeta_m - \zeta_r)}; B_r = \frac{[\zeta - \zeta_r - \beta_r(\zeta_m - \zeta_r)]}{(1-\beta_r)(\zeta_m - \zeta_r)} \tag{2.32}$$

式中：ζ_r 为反向加载时刻的 ζ 值。

由式（2.31）和式（2.32）可知，当 $\zeta = \zeta_m$ 时，切线模量为 $E_t = \left(1 - \frac{\zeta_m}{M'_f}\right)^\alpha k p_a \left(\frac{\sigma_3}{p_a}\right)^n$；当 $\zeta = \zeta_r + \beta_r(\zeta_m - \zeta_r)$ 时，$E_t = k_{au} p_a \left(\frac{\sigma_3}{p_a}\right)^n$。可见，$\beta_u$ 和 β_r 这两个参数主要通过控制滞回圈上两个特殊点的位置，从而控制滞回圈的大小与形状，这两个特殊点处材料的切线模量均等于平均卸载模量。

对于弹性模量，加载过程中取平均卸载模量，即：

$$E_e = k_{au} p_a \left(\frac{\sigma_3}{p_a}\right)^n \tag{2.33}$$

卸载过程和再加载过程则按照下式计算：

$$E_e = E_t \left(\frac{k_{au}}{k}\right)\left(1 - \frac{\zeta}{M_f}\right)^{-\alpha} \tag{2.34}$$

由式（2.34）可知在三轴试验中，卸载和再加载阶段轴向应变的弹性部分与塑性部分之比与初始加载时保持一致。

根据三轴应力状态下本构方程式，推导得塑性模量表达式为：

$$H = \frac{2}{3} \frac{(d_g - 3\cos3\vartheta)^2}{2d_g^2 + 9}\left(\frac{1}{E_t} - \frac{1}{E_e}\right)^{-1} \tag{2.35}$$

其中
$$\cos 3\vartheta = -\frac{\sqrt{6}\,\mathrm{tr}(\boldsymbol{s}\cdot\boldsymbol{s}\cdot\boldsymbol{s})}{\|\boldsymbol{s}\|^3}\qquad(2.36)$$

式中：$\mathrm{tr}(\cdot)$ 表示二阶张量的迹（即其主对角元素之和）；$\|\cdot\|$ 表示二阶张量的模或范数。

（3）应力剪胀方程。加载和再加载过程中，堆石料的应力剪胀方程可按剑桥模型构造，即：

$$d_g = M_c\left(1 - \frac{\eta}{M_c}\right)\qquad(2.37)$$

卸载过程中，应力剪胀方程则可由下式确定：

$$d_g = -M_c\left(1 + \frac{\eta}{M_c}\right)\qquad(2.38)$$

式中的负号表明卸载过程中，塑性剪应变减小，但塑性体应变增加。

（4）硬化特征。循环加载的前几周内，堆石料永久应变快速积累，但随着循环加载次数增加，永久变形积累的速率降低，这表明循环加载过程中堆石料出现塑性硬化。可通过在加载模量参数和剪胀方程中引入硬化函数反映这一特征，即：

$$k(\varepsilon_v^r) = kG_1(\varepsilon_v^r) = k\exp\left(\frac{\varepsilon_v^r}{c_v}\right)\qquad(2.39)$$

和

$$d_g = \pm M_c\left(1 \mp \frac{\eta}{M_c}\right)\cdot G_2(\varepsilon_v^r) = \pm M_c\left(1 \mp \frac{\eta}{M_c}\right)\cdot \exp\left(-\frac{\varepsilon_v^r}{c_d}\right)\qquad(2.40)$$

式中：ε_v^r 为反向加载点的体积应变；c_v 和 c_d 分别为控制硬化速率的两个参数。

（5）模型参数及其确定。上述堆石料动力弹塑性模型共13个参数，可通过静、动三轴试验确定，见表2.1。

表 2.1 弹塑性模型参数及相关试验

项 目	参 数	相关试验
摩擦角参数	φ_0、$\Delta\varphi$、ψ_0、$\Delta\psi$	静态三轴试验及卸载试验
模量参数	k、k_{au}、n、α	
泊松比	v	
滞回圈参数	β_u、β_r	循环三轴压缩试验
硬化参数	c_v、c_d	

2.1.4 基于广义弹塑性理论的堆石料流变黏弹塑性本构模型

广义塑性理论无需采用经典弹塑性理论中屈服函数、塑性势函数和硬化规律等概念，但其一般形式可以借用经典弹塑性理论推演得到，如对于流变问题，可假设其屈服方程为：

$$F(\boldsymbol{\sigma}, s, h) = 0\qquad(2.41)$$

式中：$\boldsymbol{\sigma}$ 为应力张量；s 为一个与时间相关的状态参量；h 为硬化参数，控制屈服面的大小。

在相同的应力状态下，加载产生的塑性变形方向与流变产生的塑性变形方向不同，故描述加载塑性应变和流变需采用不同的塑性势函数，即：

$$G_\sigma(\boldsymbol{\sigma},s,h)=0 \;;\quad G_s(\boldsymbol{\sigma},s,h)=0 \tag{2.42}$$

式中：G_σ 为控制加载塑性应变方向；G_s 为控制状态参数 s 改变时的塑性应变方向。

因此，任意应力状态下，堆石料的塑性应变可以表示为：

$$\mathrm{d}\varepsilon^p=\lambda_\sigma\frac{\partial G_\sigma}{\partial\sigma}+\lambda_s\frac{\partial G_s}{\partial\sigma} \tag{2.43}$$

式中的 λ_σ 和 λ_s 控制塑性应变的大小。

从屈服函数中可以得到下述一致性条件：

$$\frac{\partial F}{\partial\sigma}:\mathrm{d}\sigma+\frac{\partial F}{\partial s}\mathrm{d}s+\frac{\partial F}{\partial h}\mathrm{d}h=0 \tag{2.44}$$

其中应力增量可由弹性张量和弹性应变增量计算，即：

$$\mathrm{d}\boldsymbol{\sigma}=\boldsymbol{D}^e:\mathrm{d}\varepsilon^e=\boldsymbol{D}^e:(\mathrm{d}\varepsilon-\mathrm{d}\varepsilon^p) \tag{2.45}$$

式中：$\boldsymbol{D}^e$ 为四阶弹性张量。

屈服函数和塑性势函数中的硬化参数通常是塑性应变以及状态参量的函数，故其增量形式为：

$$\mathrm{d}h=\frac{\partial h}{\partial\varepsilon^p}:\mathrm{d}\varepsilon^p+\frac{\partial h}{\partial s}\mathrm{d}s \tag{2.46}$$

所以模型的一致性条件可表达为：

$$\frac{\partial F}{\partial\boldsymbol{\sigma}}:\boldsymbol{D}^e:\mathrm{d}\varepsilon-\lambda_\sigma\frac{\partial F}{\partial\boldsymbol{\sigma}}:\boldsymbol{D}^e:\frac{\partial G_\sigma}{\partial\sigma}-\lambda_s\frac{\partial F}{\partial\boldsymbol{\sigma}}:\boldsymbol{D}^e:\frac{\partial G_s}{\partial\sigma}$$

$$+\frac{\partial F}{\partial s}\mathrm{d}s+\frac{\partial F}{\partial h}\frac{\partial h}{\partial\varepsilon^p}:\mathrm{d}\varepsilon^p+\frac{\partial F}{\partial h}\frac{\partial h}{\partial s}\mathrm{d}s=0 \tag{2.47}$$

可以看出，仅仅一个屈服函数无法同时确定两个标量因子 λ_σ 和 λ_s。但可以采用式（2.47）的一个充分条件，即：

$$\begin{cases}\lambda_\sigma\dfrac{\partial F}{\partial h}\dfrac{\partial h}{\partial\varepsilon^p}:\dfrac{\partial G_\sigma}{\partial\sigma}-\lambda_\sigma\dfrac{\partial F}{\partial\boldsymbol{\sigma}}:\boldsymbol{D}^e:\dfrac{\partial G_\sigma}{\partial\sigma}+\dfrac{\partial F}{\partial\boldsymbol{\sigma}}:\boldsymbol{D}^e:\mathrm{d}\varepsilon-\lambda_s\dfrac{\partial F}{\partial\boldsymbol{\sigma}}:\boldsymbol{D}^e:\dfrac{\partial G_s}{\partial\sigma}=0\\[4mm]\lambda_s\dfrac{\partial F}{\partial h}\dfrac{\partial h}{\partial\varepsilon^p}:\dfrac{\partial G_s}{\partial\sigma}+\dfrac{\partial F}{\partial s}\mathrm{d}s+\dfrac{\partial F}{\partial h}\dfrac{\partial h}{\partial s}\mathrm{d}s=0\end{cases} \tag{2.48}$$

从中可以解出两个标量因子的表达式，得到下述形式的本构方程：

$$\mathrm{d}\boldsymbol{\sigma}=\left[\boldsymbol{D}^e-\frac{\left(\boldsymbol{D}^e:\dfrac{\partial G_\sigma}{\partial\sigma}\right)\otimes\left(\dfrac{\partial F}{\partial\boldsymbol{\sigma}}:\boldsymbol{D}^e\right)}{\dfrac{\partial F}{\partial\boldsymbol{\sigma}}:\boldsymbol{D}^e:\dfrac{\partial G_\sigma}{\partial\sigma}-\dfrac{\partial F}{\partial h}\dfrac{\partial h}{\partial\varepsilon^p}:\dfrac{\partial G_\sigma}{\partial\sigma}}\right]:\left(\mathrm{d}\varepsilon+\frac{\dfrac{\partial F}{\partial s}+\dfrac{\partial F}{\partial h}\dfrac{\partial h}{\partial s}}{\dfrac{\partial F}{\partial h}\dfrac{\partial h}{\partial\varepsilon^p}:\dfrac{\partial G_s}{\partial\sigma}}\dfrac{\partial G_s}{\partial\sigma}\mathrm{d}s\right) \tag{2.49}$$

引入下述表达式

$$\begin{cases}\boldsymbol{n}_{G\sigma}=\dfrac{\dfrac{\partial G_\sigma}{\partial\boldsymbol{\sigma}}}{\left\|\dfrac{\partial G_\sigma}{\partial\boldsymbol{\sigma}}\right\|};\boldsymbol{n}_{Gs}=\dfrac{\dfrac{\partial G_s}{\partial\boldsymbol{\sigma}}}{\left\|\dfrac{\partial G_s}{\partial\boldsymbol{\sigma}}\right\|};\boldsymbol{n}_F=\dfrac{\dfrac{\partial F}{\partial\boldsymbol{\sigma}}}{\left\|\dfrac{\partial F}{\partial\boldsymbol{\sigma}}\right\|};\\[6mm]H_\sigma=-\dfrac{\dfrac{\partial F}{\partial h}\dfrac{\partial h}{\partial\varepsilon^p}:\boldsymbol{n}_{G\sigma}}{\left\|\dfrac{\partial F}{\partial\boldsymbol{\sigma}}\right\|};H_s=-\dfrac{\dfrac{\partial F}{\partial h}\dfrac{\partial h}{\partial\varepsilon^p}:\boldsymbol{n}_{Gs}}{\dfrac{\partial F}{\partial s}+\dfrac{\partial F}{\partial h}\dfrac{\partial h}{\partial s}}\end{cases} \tag{2.50}$$

式（2.49）可以简化为：

$$d\boldsymbol{\sigma}=\left[\boldsymbol{D}^{e}-\frac{(\boldsymbol{D}^{e}:\boldsymbol{n}_{G\sigma})\bigotimes(\boldsymbol{n}_{F}:\boldsymbol{D}^{e})}{\boldsymbol{n}_{F}:\boldsymbol{D}^{e}:\boldsymbol{n}_{G\sigma}+H_{\sigma}}\right]:\left(d\boldsymbol{\varepsilon}-\frac{1}{H_{s}}\boldsymbol{n}_{Gs}ds\right) \tag{2.51}$$

本构方程式亦可以表示为应力驱动的模式，为此将式（2.51）改写如下：

$$d\boldsymbol{\varepsilon}=\left[(\boldsymbol{D}^{e})^{-1}+\frac{\boldsymbol{n}_{G\sigma}\bigotimes\boldsymbol{n}_{F}}{H_{\sigma}}\right]:d\boldsymbol{\sigma}+\frac{1}{H_{s}}\boldsymbol{n}_{Gs}ds \tag{2.52}$$

下面分别定义本构方程中的相关项：

（1）塑性流动方向。单位化的塑性流动张量可以表示为：

$$\boldsymbol{n}_{G\sigma}=\frac{d\boldsymbol{\varepsilon}^{p}}{\parallel d\boldsymbol{\varepsilon}^{p}\parallel} \tag{2.53}$$

其中，塑性应变增量的欧几里得范围定义为 $\parallel d\varepsilon^{p}\parallel=\sqrt{d\varepsilon_{ij}^{p}d\varepsilon_{ij}^{p}}$，应变增量可以表示成体积应变增量（$d\varepsilon_{v}^{p}$）和剪应变增量（$d\varepsilon_{s}^{p}$）的形式，即：

$$d\boldsymbol{\varepsilon}^{p}=d\varepsilon_{v}^{p}\frac{\boldsymbol{I}}{3}+d\varepsilon_{s}^{p}\frac{3\boldsymbol{s}}{2q}=d\varepsilon_{s}^{p}\left(d\frac{\boldsymbol{I}}{3}+\frac{3\boldsymbol{s}}{2q}\right) \tag{2.54}$$

其中，$d=\dfrac{d\varepsilon_{v}^{p}}{d\varepsilon_{s}^{p}}$，是剪胀比。

将式（2.54）代入式（2.53）可得：

$$\boldsymbol{n}_{G\sigma}=\frac{\pm\left(d\dfrac{\boldsymbol{I}}{3}+\dfrac{3\boldsymbol{s}}{2q}\right)}{\sqrt{\dfrac{1}{3}d^{2}+\dfrac{3}{2}}} \tag{2.55}$$

其中的正负号取决于剪应变的符号：当 $d\varepsilon_{s}^{p}>0$ 时，取正号；反之，取负号。

剪胀比是应力状态的函数，可以采用下述线性关系式：

$$d=d_{0}\left(1-\frac{\eta}{M_{d}}\right) \tag{2.56}$$

其中，d_{0} 是一个参数；M_{d} 是临胀应力比，在轴对称应力状态下，其表达式为

$$M_{d}=\frac{6\sin\psi}{3-\sin\psi} \tag{2.57}$$

临胀摩擦角是平均应力或者围压的函数，即：

$$\psi=\psi_{0}-\Delta\psi\lg\frac{\sigma_{3}}{p_{a}} \tag{2.58}$$

式中：ψ_{0} 和 $\Delta\psi$ 为两个参数；p_{a} 为大气压力。

（2）加载方向张量。在经典弹塑性理论中，当塑性流动方向与加载方向一致时，称为相关联的流动准则；反之则称为非关联流动准则。尽管不少试验结果表明，对于砂土和堆石料等无黏性材料，非相关联的流动准则更为合理，但考虑到有限元计算时劲度矩阵的对称和正定性，许多数值分析直接采用与塑性流动方向一致的加载方向张量。

（3）弹性和切线模量。堆石料的弹性变形采用各向同性的弹性模型，即：

$$D_{ijkl}^{e}=\frac{v_{e}\cdot E_{e}}{(1+v_{e})(1-2v_{e})}\delta_{ij}\delta_{kl}+\frac{E_{e}}{2(1+v_{e})}(\delta_{ik}\delta_{jl}+\delta_{il}\delta_{jk}) \tag{2.59}$$

式中：E_{e} 和 v_{e} 分别为杨氏弹性模量和泊松比；δ_{ij} 为 Kronecker 符号。

堆石料的卸载试验表明，弹性模量取决于围压，但几乎与卸载时的应力水平无关，因此可以采用下述幂函数表示：

$$E_e = k_{au} p_a \left(\frac{\sigma_3}{p_a} \right)^n \tag{2.60}$$

k_{au} 和 n 是两个参数。对于泊松比，通常可以假定为一常数，$v_e = 0.2 \sim 0.4$。

三轴试验表明，堆石料在加载过程中的切线模量不仅与围压有关，还受到应力水平的影响，故采用以下形式：

$$E_t = \left(1 - \frac{\eta}{M_f} \right)^\alpha k p_a \left(\frac{\sigma_3}{p_a} \right)^n \tag{2.61}$$

式中：k 和 α 为两个模量参数；M_f 为材料的峰值应力比。

当应力比达到 M_f 时，塑性变形可以无限发展，故式（2.61）中实际上蕴含了破坏准则。在三轴压缩应力状态下，峰值应力比为：

$$M_f = \frac{6\sin\varphi}{3 - \sin\varphi} \tag{2.62}$$

其中峰值摩擦角是围压的函数，亦可采用 Duncan 非线性强度，见式（2.12）。

为考虑堆石料在复杂应力状态下的强度特性，将式（2.61）扩展如下：

$$E_t = \left[1 - \frac{q}{g(\theta) M_f p} \right]^\alpha k p_a \left(\frac{\sigma_3}{p_a} \right)^n \tag{2.63}$$

其中

$$g(\theta) = \frac{q}{2p} \left(\frac{1}{\sin\varphi_m} - \frac{1}{3} \right) \tag{2.64}$$

（4）塑性模量。通过三轴应力状态的特殊应力路径可以推导出塑性模量表示如下：

$$H_\sigma = \frac{\left(1 + \frac{d}{3} \right)^2}{\frac{3}{2} + \frac{d^2}{3}} \left(\frac{1}{E_t} - \frac{1}{E_e} \right)^{-1} \tag{2.65}$$

上述基本模型中共含有 11 个参数，可以分成 5 组，见表 2.2。其中，前 4 组参数可以通过三轴压缩试验确定；第 5 组参数是一个可选参数，它用于调整复杂应力状态下堆石料的强度特性，可以通过一组三轴伸长试验确定。

表 2.2　　　　　　　　　　　　　　基本模型的 5 组参数及所需试验

模型参数	参　　数	所需试验
强度特性	φ_0 和 $\Delta\varphi$	
剪胀特性	d_0、φ_0 和 $\Delta\psi$	三轴压缩（加载）
切线模量	k，n 和 α	
弹性性质	k_{au} 和 v_e	三轴压缩（卸载）
破坏准则	β	三轴伸长

（5）蠕变流动准则。考虑到流动试验中堆石料始终呈现体积收缩行为，流变流动准则采用下述形式：

$$n_{Gs} = \frac{\boldsymbol{I} + c \dfrac{3\boldsymbol{s}}{2q}}{\sqrt{\dfrac{3}{2}c^2 + 3}} \tag{2.66}$$

式中：c 为一个控制体积应变和剪切应变的参变量。

许多湿化和流变的试验结果表明，在应力状态保持恒定时，流变试验中剪切应变和体积应变的比例基本恒定，故式（2.66）中的参量 c 是一个与应力状态相关的函数。在恒定应力状态下，有：

$$d\varepsilon = \frac{1}{H_s} \boldsymbol{n}_{Gs} ds \tag{2.67}$$

积分可得：

$$\varepsilon_f = \int_0^\infty d\varepsilon = \boldsymbol{n}_{Gs} \int_0^\infty \frac{1}{H_s} dt \tag{2.68}$$

注意：上式中下标 f 表明是流变结束后的最终值；为简便计，选择时间变量 t 作为状态参量。式（2.68）表明，若最终体积流变和剪切流变可以由试验结果确定，则式（2.66）中的 c 值亦可以确定，即：

$$\frac{c}{3} = \frac{\varepsilon_{df}}{\varepsilon_{vf}} \tag{2.69}$$

李国英等（2004）针对堆石料开展了一系列的蠕变试验，并且提出了下述最终流变应变的数学模型：

$$\varepsilon_{vf} = c_1 \left(\frac{p}{p_a}\right)^{m_1} + c_2 \left(\frac{q}{p_a}\right)^{m_2} \tag{2.70}$$

和

$$\varepsilon_{df} = c_3 \left(\frac{\eta}{M_f - \eta}\right)^{m_3} \tag{2.71}$$

c_1、c_2、c_3 和 m_1、m_2、m_3 是 6 个参数。式（2.71）表明最终剪切流变与围压无关，这与试验结果不符，故将其修改为以下形式：

$$\varepsilon_{df} = c_3 \left(\frac{\sigma_3}{p_a}\right)^{m_3} \sqrt{\frac{\eta}{M_f - \eta}} \tag{2.72}$$

式（2.70）和式（2.72）将用于确定蠕变塑性流动张量。

（6）蠕变塑性模量。对式（2.67）两侧求迹可得：

$$d\varepsilon_v = \frac{1}{H_s} \frac{3}{L_{Gs}} dt \tag{2.73}$$

其中，$L_{Gs} = \sqrt{3c^2/2 + 3}$，状态参量 s 已由时间 t 替换。可以看出，蠕变塑性模量的确定需要蠕变与时间的关系，但式（2.70）和式（2.72）仅给出了流变的最终量值。另外，蠕变实验得到的流变与时间关系通常不能直接运用于实际工程，这是因为蠕变试验大多在 1～2 周内达到稳定状态，但堆石坝的后期变形一般可以持续数年甚至数十年。傅中志和陈生水等（2015）在统计两座硬岩面板堆石坝和两座软岩面板堆石坝的沉降观测资料后发现堆石坝的后期变形可以用指数函数模拟，故可以假定体积应变亦服从类似的规律，即：

$$\varepsilon_v = \varepsilon_{vf}\left[1 - \exp\left(-\frac{t}{\omega}\right)\right] \tag{2.74}$$

其中，ω 是一个控制流变速率的参数。式（2.74）的增量形式为：

$$\mathrm{d}\varepsilon_v = \frac{\varepsilon_{vf}}{\omega}\exp\left(-\frac{t}{\omega}\right)\mathrm{d}t$$

将其代入式（2.73）可得蠕变的塑性模量为

$$H_s = \frac{\omega}{\varepsilon_{vf}}\frac{3}{L_{Gs}}\exp\left(\frac{t}{\omega}\right) = \frac{3}{L_{Gs}}\frac{\omega}{(\varepsilon_{vf} - \varepsilon_v)} \tag{2.75}$$

可以看出，蠕变塑性模量随着时间的增长指数增长，故流变速率前期较快，后期迅速衰减。

上述蠕变模型引入了 7 个新的参数，其中 6 个参数（$c_1 \sim c_3$ 和 $m_1 \sim m_3$）控制最终流变量；1 个参数（ω）控制蠕变速率。前 6 个参数可由室内流变试验确定；蠕变速率参数则宜由原型观测资料反演确定，或者参考相同地区的同类工程类比决定。

2.2　面板堆石坝三维有限元模拟方法

有限元方法作为一种偏微分方程的数值解法在 20 世纪 50 年代已经出现，经过半个多世纪发展理论日臻完善，相应的前后处理技术已实现通用化，随着数值计算方法和计算机技术飞快发展已成为了工程计算领域的强有力工具。数值计算工程上的优势在于可通过室内试验测定单元基本性质建立抽象数学模型，并用于预测结构整体行为，其应用范围从固体到流体，从静力到动力，从线性问题到非线性问题。本节对有限元方法在面板堆石坝工程中的模拟应用作详细的介绍。

2.2.1　有限元支配方程

在土石坝静力分析中，支配方程求解都可以归结为线性方程组：

$$[\boldsymbol{K}][\boldsymbol{\delta}] = [\boldsymbol{R}] \tag{2.76}$$

式中：$[\boldsymbol{K}]$ 为结构的整体刚度矩阵；$[\boldsymbol{\delta}]$ 为结点位移列阵；$[\boldsymbol{R}]$ 结点荷载列阵。

$$[\boldsymbol{K}] = \sum_e \boldsymbol{C}_e^{\mathrm{T}} k \boldsymbol{C}_e \tag{2.77}$$

式中：$\boldsymbol{C}_e^{\mathrm{T}}$ 为选择矩阵；k 为单元刚度矩阵。

$$[\boldsymbol{R}] = \sum_e \boldsymbol{C}_e^{\mathrm{T}} \boldsymbol{R}^e \tag{2.78}$$

式中：$\boldsymbol{R}^e$ 为单元荷载列阵，由体积力和面积力以及集中荷载构成。

在土石坝动力分析中，动力平衡方程为：

$$[\boldsymbol{M}]\{\ddot{u}(t)\} + [\boldsymbol{C}]\{\dot{u}(t)\} + [\boldsymbol{K}]\{u(t)\} = -[\boldsymbol{M}]\{\ddot{u}(t)\} \tag{2.79}$$

式中：$[M]$、$[C]$、$[K]$ 分别为集中质量矩阵、阻尼矩阵以及刚度矩阵；$\ddot{u}(t)$、$\dot{u}(t)$、$u(t)$ 分别为系统各结点 t 时刻的加速度、速度以及位移；$\ddot{u}_g(t)$ 为 t 时刻的地震加速度。

2.2.2 面板堆石坝常用单元类型

面板堆石坝有限元模拟主要有坝体堆石和地基实体单元、混凝土面板与垫层之间的接触面单元、面板接缝单元。

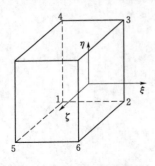

图 2.4 空间六面体单元

（1）坝体和地基实体单元。图 2.4 所示为空间六面体八节点实体单元等参单元，局部坐标系和单元节点编号已经标于图中，八节点等参单元的形函数为：

$$N_i = \frac{1}{8}(1+\xi\xi_i)(1+\eta\eta_i)(1+\zeta\zeta_i), i=1,2,\cdots,8 \tag{2.80}$$

应变矩阵 $\boldsymbol{B}$ 为：

$$\boldsymbol{B} = [\boldsymbol{B}_1 \quad \boldsymbol{B}_2 \quad \cdots \quad \boldsymbol{B}_8] \tag{2.81}$$

分块元素 $\boldsymbol{B}_i$ 为：

$$\boldsymbol{B}_i = \begin{bmatrix} \dfrac{\partial N_i}{\partial x} & 0 & 0 \\[2mm] 0 & \dfrac{\partial N_i}{\partial y} & 0 \\[2mm] 0 & 0 & \dfrac{\partial N_i}{\partial z} \\[2mm] \dfrac{\partial N_i}{\partial y} & \dfrac{\partial N_i}{\partial x} & 0 \\[2mm] 0 & \dfrac{\partial N_i}{\partial z} & \dfrac{\partial N_i}{\partial y} \\[2mm] \dfrac{\partial N_i}{\partial z} & 0 & \dfrac{\partial N_i}{\partial x} \end{bmatrix}, i=1,2,\cdots,8 \tag{2.82}$$

单元刚度矩阵则表示为：

$$\boldsymbol{K}^e = \int_{-1}^{1}\int_{-1}^{1}\int_{-1}^{1} \boldsymbol{B}^{\mathrm{T}} \boldsymbol{D} \boldsymbol{B} \mid J \mid \mathrm{d}\xi \mathrm{d}\eta \mathrm{d}\zeta \tag{2.83}$$

式中：$\boldsymbol{D}_{6\times6}$ 为弹塑性矩阵；$\boldsymbol{B}_{6\times24}$ 为应变矩阵；$\mid J \mid$ 为雅克比行列式。

雅克比矩阵 $\boldsymbol{J}$ 可以表示为：

$$\boldsymbol{J} = \begin{bmatrix} \sum\limits_{i=1}^{8}\dfrac{\partial N_i}{\partial \xi}x_i & \sum\limits_{i=1}^{8}\dfrac{\partial N_i}{\partial \xi}y_i & \sum\limits_{i=1}^{8}\dfrac{\partial N_i}{\partial \xi}z_i \\[3mm] \sum\limits_{i=1}^{8}\dfrac{\partial N_i}{\partial \eta}x_i & \sum\limits_{i=1}^{8}\dfrac{\partial N_i}{\partial \eta}y_i & \sum\limits_{i=1}^{8}\dfrac{\partial N_i}{\partial \eta}z_i \\[3mm] \sum\limits_{i=1}^{8}\dfrac{\partial N_i}{\partial \zeta}x_i & \sum\limits_{i=1}^{8}\dfrac{\partial N_i}{\partial \zeta}y_i & \sum\limits_{i=1}^{8}\dfrac{\partial N_i}{\partial \zeta}z_i \end{bmatrix} \tag{2.84}$$

（2）接触单元。有限单元法中，为了采用模拟不同材料之间的滑移、开裂等现象，研究人员提出了接触面单元。常见的如无厚度 Goodman 单元、Desai 夹层单元等。无厚度 Goodman 单元是目前工程界应用较为广泛的接触单元，八节点 Goodman 单元如图 2.5 所示，该单元假定接触面上的法向应力、剪切应力与法向相对位移、切向相对位移之间无交叉影响，应力与相对位移的关系式为：

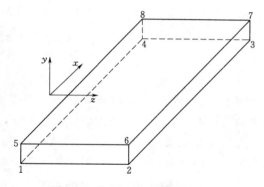

图 2.5　Goodman 摩擦接触单元

$$\{\sigma\} = [k_0][w] \tag{2.85}$$

$$[k_0] = \begin{bmatrix} k_{yx} & & \\ & k_{yy} & \\ & & k_{yz} \end{bmatrix} \tag{2.86}$$

其中，$\{\sigma\} = [\tau_{yx} \quad \sigma_y \quad \tau_{yz}]$ 为接触面 x、y、z 方向的应力；$[w] = w_x \quad w_y \quad w_z]$ 为接触面 x、y、z 方向的位移。

对于八节点单元，其结点相对位移和绝对位移的关系式用下式表示：

$$\{w\} = [D]\{\delta\}^e \tag{2.87}$$

其中　　　　　$\{\delta\}^e = [u_1 \quad v_1 \quad w_1 \quad \cdots \quad u_8 \quad v_8 \quad w_8]^T$

$$[D] = [A_1 I \quad A_2 I \quad A_3 I \quad A_4 I \quad -A_1 I \quad -A_2 I \quad -A_3 I \quad -A_4 I] \tag{2.88}$$

$$A_1 = \left(\frac{1}{2} - \frac{X}{L}\right)\left(\frac{1}{2} - \frac{Z}{B}\right)$$

$$A_2 = \left(\frac{1}{2} - \frac{X}{L}\right)\left(\frac{1}{2} + \frac{Z}{B}\right)$$

$$A_3 = \left(\frac{1}{2} - \frac{X}{L}\right)\left(\frac{1}{2} - \frac{Z}{B}\right)$$

$$A_4 = \left(\frac{1}{2} + \frac{X}{L}\right)\left(\frac{1}{2} + \frac{Z}{B}\right) \tag{2.89}$$

I 为三阶单位矩阵。根据虚位移原理

$$\{F\}^e = [k]^e\{\delta\}^e \tag{2.90}$$

刚度矩阵写为：

$$[k]^e = \int_{-L/2}^{L/2}\int_{-B/2}^{B/2}[D]^T[k_0][D]\mathrm{d}x\mathrm{d}z \tag{2.91}$$

$$[k]^e = \begin{bmatrix} 4[k]_0 & & & \\ 2[k]_0 & 4[k]_0 & & \\ 2[k]_0 & [k]_0 & 4[k]_0 & \\ [k]_0 & 2[k]_0 & 2[k]_0 & 4[k]_0 \end{bmatrix} \qquad (2.92)$$

以上接触面的刚度矩阵推导是假定节理面与 (x, z) 坐标面是平行的，如果节理面的方位是任意的，还需要通过坐标变换矩阵，将刚度矩阵转换到整体坐标系。

面板堆石坝面板竖缝（图 2.6）以及趾板周边缝采用缝单元模拟，缝单元本质上同接触面单元，但其法向刚度和剪切刚度根据止水的类型由试验确定。

图 2.6　面板堆石坝止水接缝单元

图 2.7 所示为某修建在狭窄河谷上的面板堆石坝三维有限元整体模型，图 2.8 所示为该模型中坝体与基岩接触单元模拟。

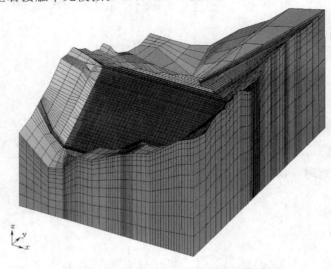

图 2.7　某面板堆石坝三维有限元整体模型

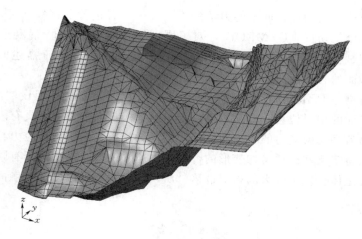

图 2.8　坝体与基岩接触单元模拟

2.3　土石坝内部接触力学特性试验与数值模型

修建在宽阔河谷上的面板堆石坝通常三维效应不明显，两岸坝坡较缓，堆石体难以沿坡面发生滑动，因此在有限元数值仿真中通常直接将坝体与坝基的接触边界设为固定边界。狭窄河谷地区的面板坝三维拱效应明显，坝体的自重有相当部分作用在两岸坝坡之上，坝体内的竖向应力分量通常小于其自重应力。另外，狭窄河谷地区两岸陡峻，岸坡提供的摩擦力可能小于堆石体沿岸坡斜面的分量，进而产生沿坝肩的堆石体滑动，从而造成周边缝止水系统的破坏。因此在狭窄河谷区面板坝的数值仿真中，需对坝体与岸坡的接触特性进行考察，使得数值仿真的结果真实有效。图 2.9 所示为坝体边界全约束模型与考虑岸坡接触模型方案的示意图。

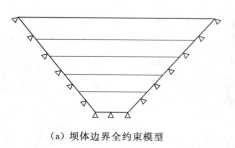
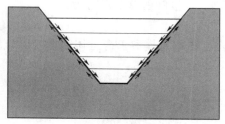

（a）坝体边界全约束模型　　　　　　　　（b）坝体与岸坡之间考虑接触模型

图 2.9　坝体与岸坡接触模型方案示意图

2.3.1　接触面瞬变剪切特性

岩土工程中，经常遇到土体与结构的相互作用问题。对于堆石坝而言，堆石体属于散粒体材料，岸坡基岩则可以视为连续介质材料。两种材料的变形性能相差很大，在外荷载作用下，堆石体可能沿着接触面发生滑动、开裂。对于修建在狭窄河谷地区的面板堆石坝，陡峻的岸坡使得这种堆石体更易沿接触面发生滑动破坏。

为了探讨土体与结构接触面上的力学性质，许多学者进行了试验研究。Desai 等研制了大尺寸多自由度剪切仪（CYMDOF），对不同试验条件下的砂土-混凝土接触面进行了静力和循环剪切试验，提出了改进的 Ramberg - Osgood 模型，用于描述加载、卸载、再加载过程中接触面的力学性质。

殷宗泽等研制了大型直剪仪器（图 2.10），通过在接触面附近埋设"潜望镜"，该仪器可以观测接触面的相对位移。试验发现：土与结构接触面剪切变形具有刚塑性特征；接触面相对位移随着平均剪应力的增加而逐步增加；试验所测的平均剪应力与相对位移关系曲线仅仅能反映特定尺寸试样剪切变形的行为，不能作为普遍规律用于有限元计算。考虑到接触界面附近土体会发生较大的相对位移，所以建立了考虑厚度的接触面单元。

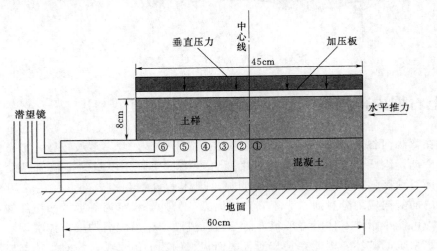

图 2.10 殷宗泽等研制的界面剪切仪

此单元变形可分为两部分：第一部分是土体基本变形用 $\{\varepsilon\}'$ 表示，第二部分是破坏变形用 $\{\varepsilon\}''$，接触面总变形写为：

$$\{\Delta\varepsilon\} = \{\varepsilon\}' + \{\varepsilon\}'' \tag{2.93}$$

根据土体本构模型求得土体基本变形分量：

$$\begin{Bmatrix} \Delta\varepsilon'_t \\ \Delta\varepsilon'_n \\ \Delta\gamma'_{tn} \end{Bmatrix} = \begin{bmatrix} C'_{11} & C'_{12} & C'_{13} \\ C'_{21} & C'_{22} & C'_{23} \\ C'_{31} & C'_{32} & C'_{33} \end{bmatrix} \begin{Bmatrix} \Delta\sigma_t \\ \Delta\sigma_n \\ \Delta\tau_{tn} \end{Bmatrix} \tag{2.94}$$

式中：n 表示法向，t 表示切向。

假定接触面有两种破坏变形：一种是张裂变形；另一种是滑移变形。接触面破坏变形可以表示为：

$$\{\varepsilon\}'' = \begin{bmatrix} 0 & 0 & 0 \\ 0 & 1/E'' & 0 \\ 0 & 0 & 1/G'' \end{bmatrix} \begin{Bmatrix} \Delta\sigma_t \\ \Delta\sigma_n \\ \Delta\tau_{tn} \end{Bmatrix} = [C]''\{\Delta\sigma\} \tag{2.95}$$

若接触面受拉，被拉裂，可令 E'' 为很小的一个数，如 5.0kPa；若接触面受压，E'' 应取一个很大的值或者直接令 $\dfrac{1}{E''} = 0$。G'' 的取值也类似，当应力水平 $S \geqslant 0.99$，令 $G'' =$

$5kPa$；$S < 0.99$ 时，令 $\dfrac{1}{G''} = 0$。

卢廷浩等分析和探讨了接触面剪切破坏和变形的机理，提出了错动位移、剪切位移及其接触面"剪切错动带"的概念（图 2.11）。他们认为接触面总相对位移 δ 可表示为：

$$\delta = \delta_1 + \delta_2 \tag{2.96}$$

式中：δ_1 为接触面错动所产生的位移；δ_2 为接触面"剪切错动带"内剪切变形所产生的位移。

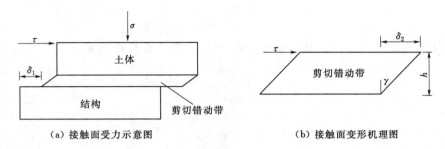

(a) 接触面受力示意图　　　　　　　　　　　(b) 接触面变形机理图

图 2.11　接触面剪切错动带

在剪应力达到接触面的抗剪强度 τ_f 以前，可以近似认为接触面相对位移 $\delta \approx \delta_2$，也就是在剪切破坏发生前，仅需要建立"剪切错动带"内剪应力与剪应变之间的关系。基于此建立了一个新的接触面模型，忽略切向和法向的耦合作用，接触面上的应力应变关系式可写成：

$$\begin{bmatrix} \Delta \varepsilon_n \\ \Delta \gamma_{tn} \end{bmatrix} = \begin{bmatrix} 1/E_0 & 0 \\ 0 & 1/G_0 \end{bmatrix} \begin{bmatrix} \Delta \sigma_n \\ \Delta \tau_{tn} \end{bmatrix} \tag{2.97}$$

当 $\tau \geqslant 0.99 \cdot \tau_f$ 时，G_0 取任意小值；当 $\tau < 0.99 \cdot \tau_f$ 时，剪切模量满足双曲线关系：

$$G_0 = \left(1 - R_f \frac{\tau}{c + \sigma_n \mathrm{tg}\varphi} \right)^2 k p_a \left(\frac{\sigma_n}{p_a} \right)^n \tag{2.98}$$

式中：k、n、c、φ、R_f 为材料参数。

2.3.2　接触面流变特性

大量的工程案例表明，堆石坝的坝料与岸坡之间接触面存在后期变形，在坝体填筑或者蓄水完成以后，坝料与岸坡之间仍然发生不可忽视的相对变形。目前，国内外对接触面流变变形的研究较少，南京水利科学研究院在直剪试验的基础上进行了接触面流变试验，研究了粗粒土的接触流变规律。每组试验在恒定的法向荷载 P 作用下，施加相应比例的恒定水平力 F，并监测试验剪切面位移情况，图 2.12 所示为接触流变试验示意图。

试验所采用的大型直剪仪，上剪切盒尺寸为 $500\mathrm{mm} \times 500\mathrm{mm} \times 150\mathrm{mm}$，下剪切盒尺寸为 $500\mathrm{mm} \times 670\mathrm{mm} \times 150\mathrm{mm}$。上下剪切盒开缝值控制为 $20\mathrm{mm}$。下剪切盒放置养护龄期为 $28\mathrm{d}$ 的混凝土试块，在混凝土试块表面采用人工增糙来模拟现场开挖的边坡。根据边坡岩体实际粗糙度，本次试验的人工增糙面的凿毛起伏差控制在不大于 $5\mathrm{mm}$，上剪切盒充填主堆石料。

试验分 3 级法向应力进行，分别为 $0.3\mathrm{MPa}$、$0.9\mathrm{MPa}$ 和 $1.5\mathrm{MPa}$，针对每级法向应力分别进行应力水平为 0.2、0.4 和 0.8 的接触流变试验。采用静水头法对试样进行饱和试验，施加法向荷载固结稳定后施加切向荷载，切向荷载达到指定值后维持恒定，记录剪

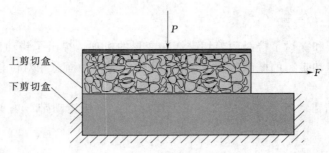

图 2.12　接触流变试验示意图

切时间以及相应的剪切水平位移。试验曲线如图 2.13～图 2.15 所示。

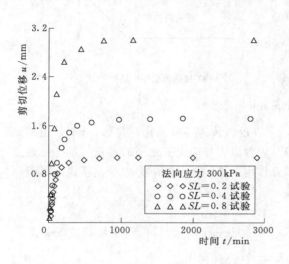

图 2.13　法向应力 300kPa 接触流变试验

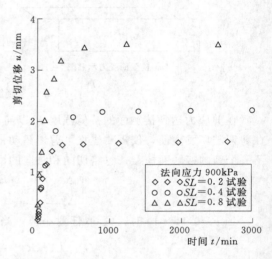

图 2.14　法向应力 900kPa 接触流变试验

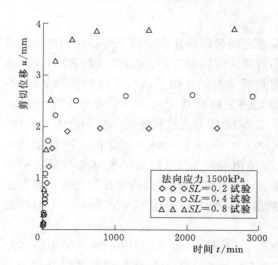

图 2.15　法向应力 1500kPa 接触流变试验

通过观察接触面流变试验结果发现，在恒定法向应力和剪切应力条件下，接触界面部位仍然发生相对错动，初期粗颗粒错动滑移较为剧烈，剪切位移增长率相对较大，随着接触流变时间的不断延长，粗颗粒错动滑移趋于平缓，剪切位移增长较为缓慢，最后基本维持一个恒定值。不同应力水平和不同法向应力的接触面颗粒滑移规律与堆石料三轴流变规律有所相似，因此这里借鉴三轴流变试验结果，提出一个考虑时间效应的接触面流变模型。

以指数型衰减的 Merchant 模型来模拟恒定法向应力和切向应力下的剪切位移随时间发展规律，假定剪切位移关系式如下：

$$u_t = u_f(1 - e^{-at})　\tag{2.99}$$

式中：u_f 为最终剪切滑移量；a 为相对滑移变形率。

分析接触流变试验资料发现，最终剪切滑移量 u_f 受法向应力以及应力水平的影响，最终剪切滑移量可表达如下：

$$u_f/u_0 = h_1\left(\frac{\sigma_n}{p_a}\right)^{n_1} + h_2(S_l)^{n_2}　\tag{2.100}$$

式中：h_1、h_2、n_1、n_2 为模型参数；u_0 为剪切位移；σ_n 为接触面法向应力；S_L 为应力水平；p_a 为大气压力。

确定剪切位移 u_f 表达式以后，可得剪切位移变形速率的表达式如下：

$$\dot{u}_f = au_f\left(1 - \frac{u_t}{u_f}\right)　\tag{2.101}$$

t 时段累积的剪切变形为：

$$u_t = \sum\dot{u}_f\Delta t　\tag{2.102}$$

根据上式，可得 t 时段已积累的流变剪切滑移变形。

本次研究提出的接触面流变模型参数共 5 个，根据接触面流变试验成果确定的接触面流变模型参数见表 2.3，模型预测结果与试验结果对比如图 2.16～图 2.18 所示。可见，模型能较好地预测粗粒土接触面流变变形特性。

表 2.3　　　　　　　　　　　　　接触面流变模型参数

接触界面	a	h_1	h_2	n_1	n_2
主堆石料-粗糙混凝土	0.008	0.2	3.2	0.7	1.0

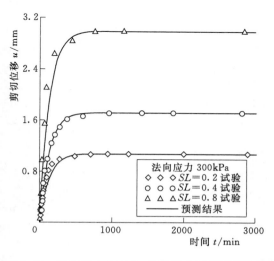

图 2.16　法向应力 300kPa 接触流变试验预测结果

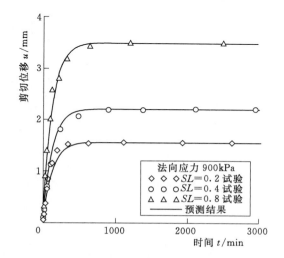

图 2.17　法向应力 900kPa 接触流变试验预测结果

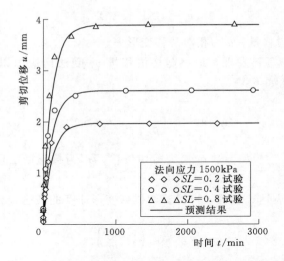

图 2.18　法向应力 1500kPa 接触流变试验预测结果

狭窄河谷效应对面板坝应力变形影响研究

第 3 章

混凝土面板堆石坝作为一种当地材料坝，对地形条件有较好的适应性。从国内外已建和在建的工程看，无论是狭窄河谷还是宽阔河谷，均可修建面板堆石坝，而且，通过精心的设计，这些处于不同形状河谷中的面板堆石坝均能够安全地运行。尽管面板堆石坝对地形条件的适应有着较大的宽容性，但是，从大坝的应力、变形分析角度看，不同的地形条件对于坝体和面板的应力和变形有着较为明显的影响。

描述河谷宽窄时一般采用河谷宽高比（坝顶长与最大坝高之比）表示，并且将河谷宽高比小于 2.5 的河谷看作是狭窄河谷。文献［10］采用平均河谷宽度与最大坝高比值定义河谷形状，平均河谷宽度＝大坝上游面面积/上游面最大坡长。这两种参数的意义基本相同，都可以表示河谷宽窄的程度，但均不能表征岸坡的对称程度。文献［11］采用河谷宽度系数、河谷边坡陡缓系数、河谷非对称系数 3 个动态参数来描述河谷形状。

研究表明，狭窄河谷上的面板坝，坝体的变形特性与宽河谷有所不同，主要表现在两个方面：一是狭窄河谷具有明显的拱效应；二是坝体与河床接触面特性及坝体长期变形将对坝体的应力变形产生较大影响。在狭窄河谷地区修建的典型高面板堆石坝，如哥伦比亚的 Golillas 面板坝、罗马尼亚的 Lesu 面板坝、中国的三板溪等工程表明，狭窄陡峭河谷地形易导致面板裂缝或止水破坏。

目前，我国在建、拟建的坝高在 200m 级的面板堆石坝中，最小宽高比为 1.3，也有规划中宽高比小于 1.0 或河谷对称性很差的工程。这种筑坝条件下需要高度重视三维拱效应、两岸高陡岸坡等的处理。

本章依托玛尔挡面板堆石坝，通过数值分析，系统分析狭窄河谷的拱效应及其对面板堆石坝应力变形的影响。

3.1 河谷效应对坝体应力变形的影响

本节以玛尔挡面板堆石坝为例，通过数值分析方法，分析河谷形状对坝体应力变形的影响。玛尔挡面板堆石坝最大坝高为 211m，河谷宽高比约为 1.5，坝体分区图如图 3.1 所示，坝料静力计算参数见表 3.1，各接触面单元参数见表 3.2。

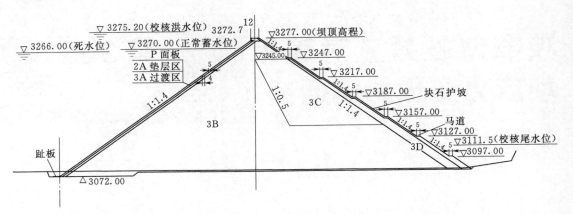

图 3.1　玛尔挡面板坝坝体分区图（单位：m）

表 3.1

坝 料 静 力 计 算 参 数

坝料	密度	南 水 模 型 参 数									E－B 模型参数	
	ρ_d /(g/cm³)	c /kPa	φ_0 /(°)	$\Delta\varphi$ /(°)	k	n	R_f	c_d /%	n_d	R_d	k_b	m
垫层	2.20	0	57.3	9.66	1100.0	0.42	0.56	0.40	0.50	0.47	552.1	0.35
过渡层	2.18	0	58.7	10.90	1300.5	0.35	0.60	0.26	0.68	0.49	886.0	0.15
主堆石	2.15	0	55.7	10.30	1300.0	0.32	0.77	0.40	0.78	0.66	483.9	0.10
次堆石	2.15	0	57.4	11.71	970.0	0.35	0.61	0.56	0.60	0.53	400.0	0.17
下游堆石	2.15	0	55.7	10.30	1300.0	0.32	0.77	0.40	0.78	0.66	483.9	0.10

表 3.2

各接触面单元参数

接 触 面		K_0	n	c /kPa	φ /(°)	R_f	切向剪切劲度 K_{st}
挤压式边墙与 面板混凝土	2mm 厚 乳化沥青	12000	1.20	1.5	32	—	$K_{st}=k_0\gamma_w\left(\dfrac{\sigma_3}{p_a}\right)^n$
挤压式边墙与垫层料		4800	0.56	0	36.6	0.74	Goodman 单元模型公式
堆石与基岩岸坡		9000	0.90	0	41.0	0.90	Goodman 单元模型公式

注　γ_w 为水的容重。

就坝体和面板的应力变形而言，较为有利的河谷形状是对称、岸坡坡度较缓的平顺河谷，且两侧坝肩能够为坝体提供坚固的支撑作用。而对坝体和面板应力变形不利的河谷形状则主要表现为岸坡不对称、坝肩陡峭、基岩表面不规则、河床深切等。

为研究河谷地形形状对面板坝应力变形的影响，依托玛尔挡项目地形条件（不对称河谷、河床深切），对 5 种河谷宽高比方案面板坝进行对比分析，其宽高比分别为 3.5、2.5、1.5、1.2、0.8，各方案保持坝高和河床宽度不变。各方案河谷形状示意图如图 3.2 所示，不同宽高比面板坝三维网格图如图 3.3 所示。

坝料计算模型采用南水双屈服面弹塑性模型。5 种河谷形状面板坝坝体应力变形计算结果汇总于表 3.3。

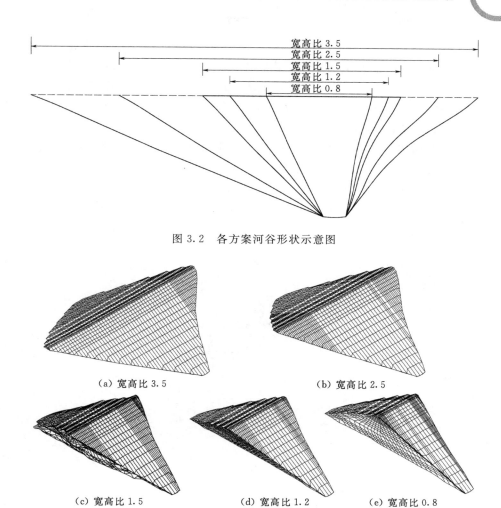

图 3.2 各方案河谷形状示意图

（a）宽高比 3.5　　（b）宽高比 2.5

（c）宽高比 1.5　　（d）宽高比 1.2　　（e）宽高比 0.8

图 3.3 不同宽高比面板坝三维网格图

表 3.3　　　　　　　　　5 种河谷形状面板坝坝体应力变形计算结果

项　目		宽　高　比				
		3.5	2.5	1.5	1.2	0.8
坝体	竣工期	顺河向变形/cm	22.4/−18.5	19.3/−16.4	14.7/−13.6	11.7/−10.1	7.3/−6.8
		轴向变形/cm	15.0/−14.6	15.8/−11.5	10.6/−6.5	10.3/−5.8	7.8/−2.8
		沉降/cm	104.3	95.8	93.8	91.5	87.3
		大主应力/MPa	2.98	2.87	2.85	2.43	2.08
		小主应力/MPa	1.41	1.37	1.35	1.12	0.94
	蓄水期	顺河向变形/cm	23.4/−12.3	19.9/−10.6	15.0/−9.0	12.0/−5.9	7.7/−3.9
		轴向变形/cm	15.4/−14.8	16.2/−11.8	10.8/−6.7	10.5/−5.9	8.2/−2.9
		沉降/cm	107.6	98.7	97.0	94.3	90.3
		大主应力/MPa	3.09	2.95	2.93	2.50	2.19
		小主应力/MPa	1.48	1.41	1.39	1.16	0.97

注　顺河向变形，指向下游为正，指向上游为负；轴向变形，指向右岸为正，指向左岸为负。

图 3.4～图 3.8 所示分别为宽高比为 3.5、2.5、1.5、1.2、0.8 的面板坝坝轴线纵剖面轴向变形和沉降变形等值线分布图。宽高比为 3.5、2.5、1.5、1.2、0.8 的面板坝竣工期坝体最大沉降分别为 104.3cm、95.8cm、93.8cm、91.5cm、87.3cm，约为坝高的 0.52%、0.48%、0.47%、0.46%、0.44%，蓄水期坝体最大沉降分别为 107.6cm、98.7cm、97.0cm、94.3cm、90.3cm，约为坝高的 0.52%、0.48%、0.47%、0.46%、0.44%。若定义坝体最大沉降与坝轴线长度的比值为变形倾率，宽高比为 3.5、2.5、1.5、1.2、0.8 的面板坝变形倾率分别为 0.15%、0.19%、0.32%、0.38%、0.55%。

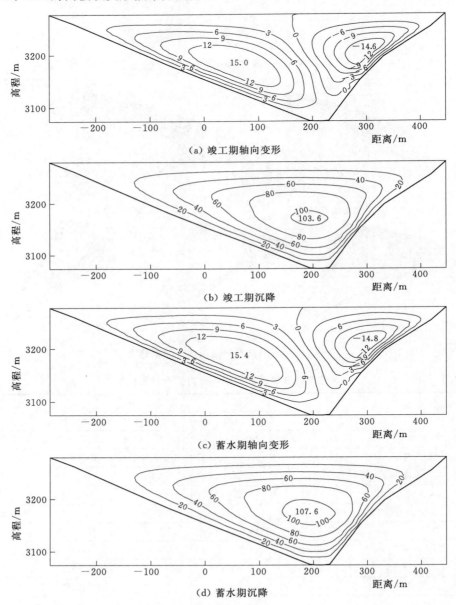

（a）竣工期轴向变形

（b）竣工期沉降

（c）蓄水期轴向变形

（d）蓄水期沉降

图 3.4　宽高比为 3.5 的面板坝坝轴线纵剖面变形等值线图（单位：cm）

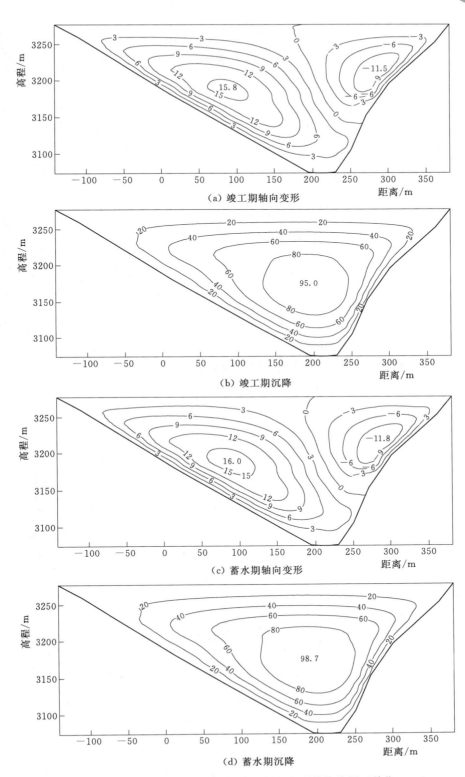

图 3.5　宽高比为 2.5 的面板坝坝轴线纵剖面变形等值线图（单位：cm）

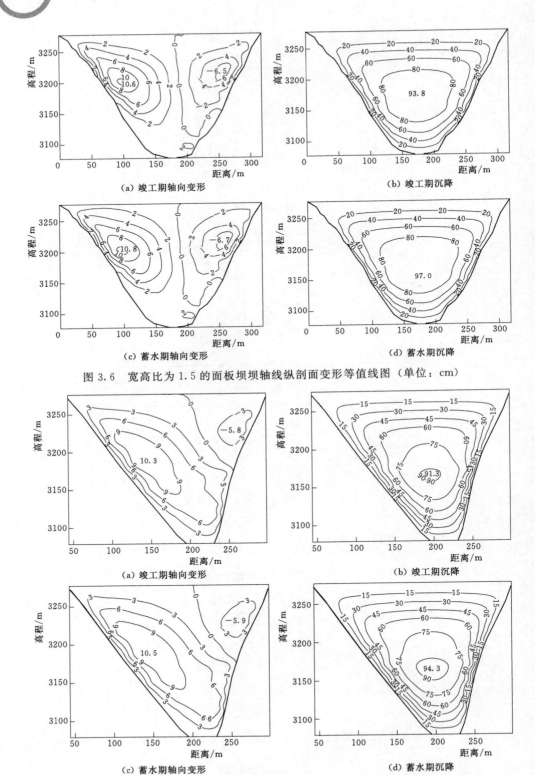

图 3.6 宽高比为 1.5 的面板坝坝轴线纵剖面变形等值线图（单位：cm）

图 3.7 宽高比为 1.2 的面板坝坝轴线纵剖面变形等值线图（单位：cm）

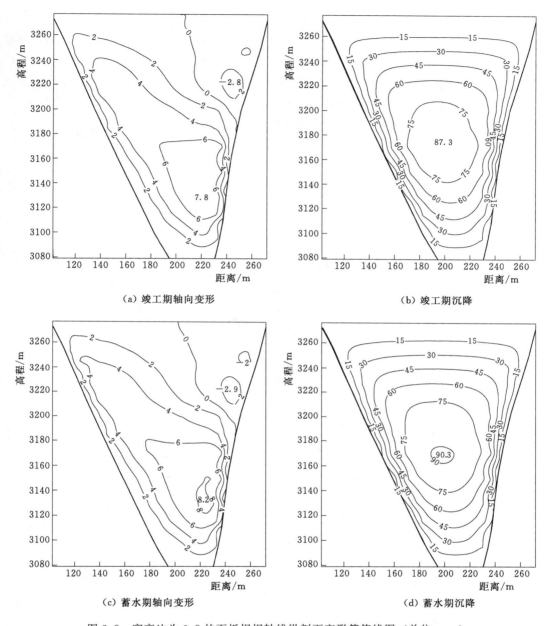

（a）竣工期轴向变形　　　　　　　　　（b）竣工期沉降

（c）蓄水期轴向变形　　　　　　　　　（d）蓄水期沉降

图 3.8　宽高比为 0.8 的面板坝坝轴线纵剖面变形等值线图（单位：cm）

从图 3.4～图 3.8 看，不同河谷形状的坝体沉降和水平位移分布规律基本相同。坝体沉降呈对称于河谷中心线的形式分布，最大沉降位于坝体中部。水平位移基本呈对称于河谷中心线的形式分布，两岸坡坝体的水平位移总体指向河谷中央，陡峻侧坝体水平位移数值相对较小，宽缓侧坝体水平位移数值相对较大。由于地形不对称，右岸岸坡较陡，受上部坝体向底部位移以及河谷岸坡对坝体约束的共同作用，坝体底部一定范围内存在较强的向右岸（陡峻侧）侵入的趋势；而且随着河谷宽高比的减小，即岸坡陡峻程度的增加，宽缓侧坝体向陡峻侧坝体侵入趋势愈加显著，侵入范围不仅逐渐增大，而且陡峻侧坝体水平位移最大值位置更加上移，宽缓侧坝体水平位移最大值位置更加下移。

　　图 3.9 所示为坝体变形极值与宽高比的关系。随着河谷变窄，坝体沉降和水平位移越来越小，且随着河谷变窄，不对称河谷左岸、右岸坝体水平位移不对称性更为明显，宽河谷指向左岸和指向右岸的位移极值大小相当，窄河谷陡峭岸坡侧坝体的轴向位移减小显著。窄河谷面板堆石坝变形量虽相对较小，但变形梯度却较大。河谷宽高比小于 1.5，曲线出现明显拐点，坝体变形减小趋势和变形倾率增加趋势更加显著。

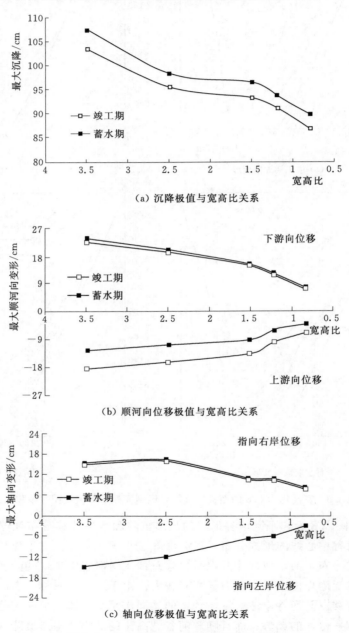

（a）沉降极值与宽高比关系

（b）顺河向位移极值与宽高比关系

（c）轴向位移极值与宽高比关系

图 3.9　坝体变形极值与宽高比关系曲线

图 3.10～图 3.14 分别是宽高比为 3.5、2.5、1.5、1.2、0.8 的面板坝坝轴线纵剖面大小主应力等值线分布图。

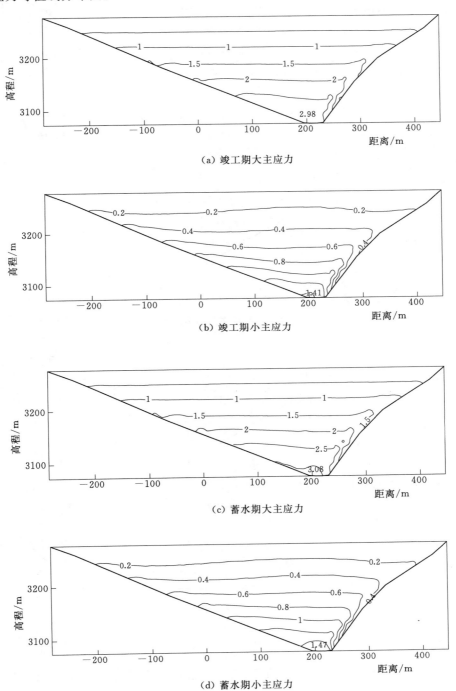

（a）竣工期大主应力

（b）竣工期小主应力

（c）蓄水期大主应力

（d）蓄水期小主应力

图 3.10　宽高比为 3.5 的面板坝坝轴线纵剖面大小主应力等值线图（单位：MPa）

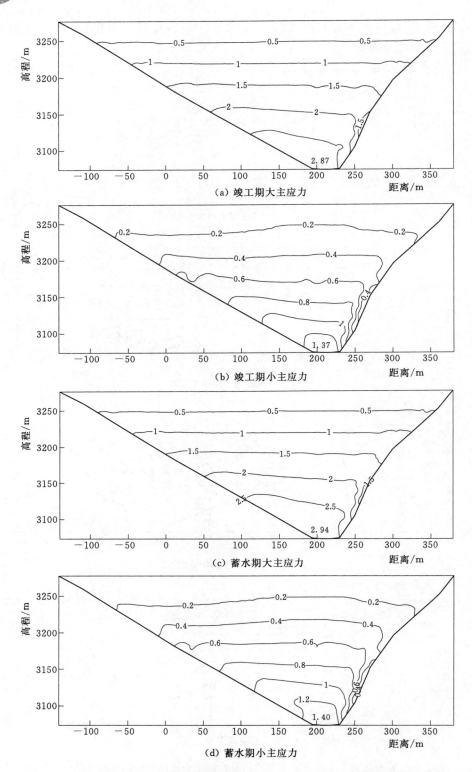

图 3.11 宽高比为 2.5 的面板坝坝轴线纵剖面大小主应力等值线图（单位：MPa）

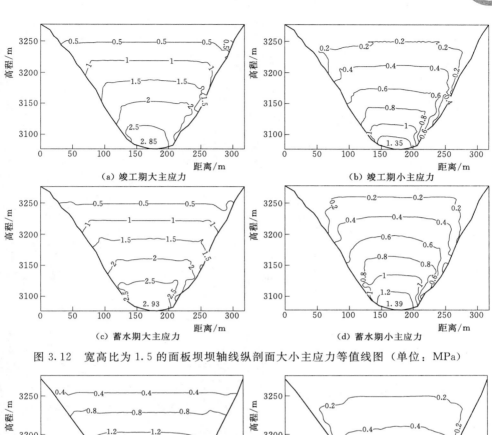

图 3.12　宽高比为 1.5 的面板坝坝轴线纵剖面大小主应力等值线图（单位：MPa）

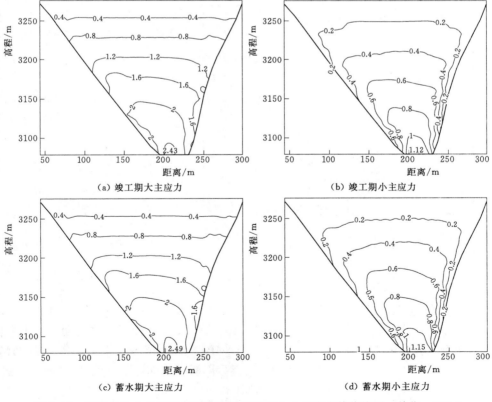

图 3.13　宽高比为 1.2 的面板坝坝轴线纵剖面大小主应力等值线图（单位：MPa）

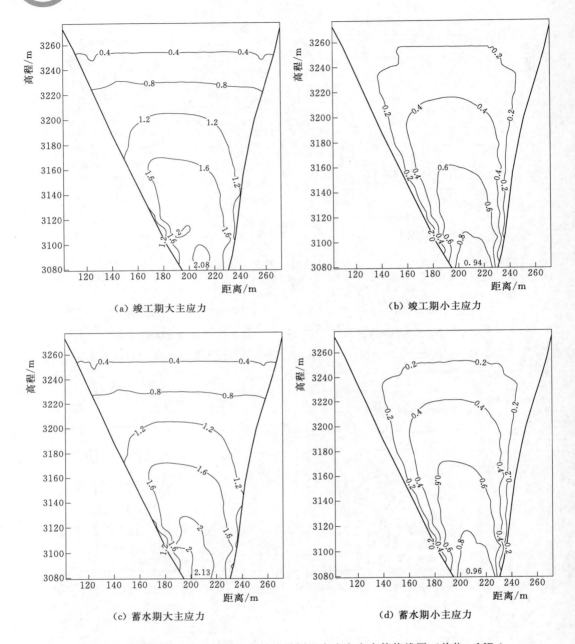

（a）竣工期大主应力　　　　　　　　　　　　　　（b）竣工期小主应力

（c）蓄水期大主应力　　　　　　　　　　　　　　（d）蓄水期小主应力

图 3.14　宽高比为 0.8 的面板坝坝轴线纵剖面大小主应力等值线图（单位：MPa）

　　图 3.15～图 3.19 分别是宽高比为 3.5、2.5、1.5、1.2、0.8 的面板坝坝轴线纵剖面应力水平等值线分布图。宽高比为 3.5、2.5、1.5、1.2、0.8 面板坝竣工期大、小主应力最大值分别为：2.98MPa、1.41MPa，2.87MPa、1.37MPa，2.85MPa、1.35MPa，2.43MPa、1.12MPa，2.08MPa、0.94MPa；蓄水期大、小主应力最大值分别为：3.09MPa、1.48MPa，2.95MPa、1.41MPa，2.93MPa、1.39MPa，2.50MPa、1.16MPa，2.19MPa、0.97MPa。

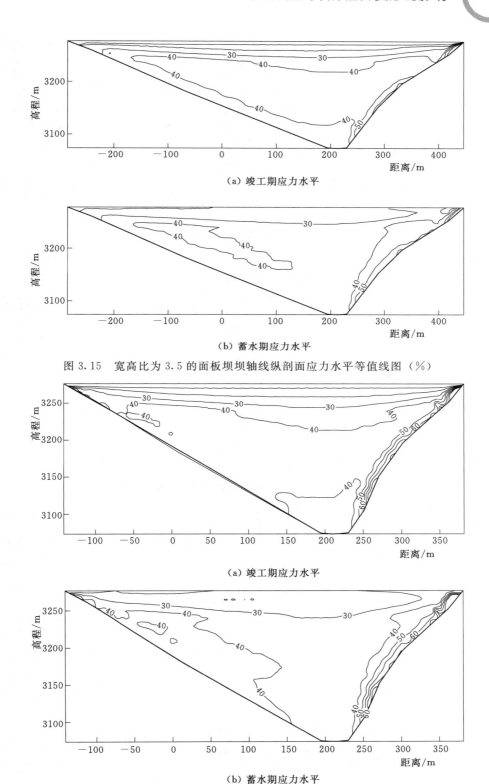

（a）竣工期应力水平

（b）蓄水期应力水平

图 3.15　宽高比为 3.5 的面板坝坝轴线纵剖面应力水平等值线图（%）

（a）竣工期应力水平

（b）蓄水期应力水平

图 3.16　宽高比为 2.5 的面板坝坝轴线纵剖面应力水平等值线图（%）

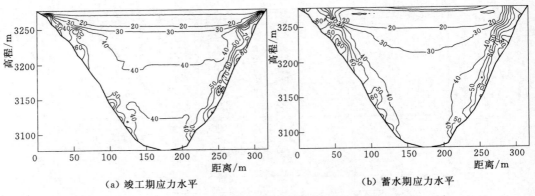

（a）竣工期应力水平　　　　　　　（b）蓄水期应力水平

图 3.17　宽高比为 1.5 的面板坝坝轴线纵剖面应力水平等值线图（％）

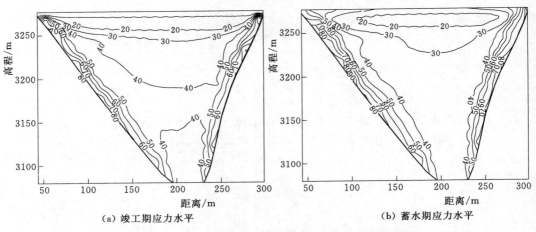

（a）竣工期应力水平　　　　　　　（b）蓄水期应力水平

图 3.18　宽高比为 1.2 的面板坝坝轴线纵剖面应力水平等值线图（％）

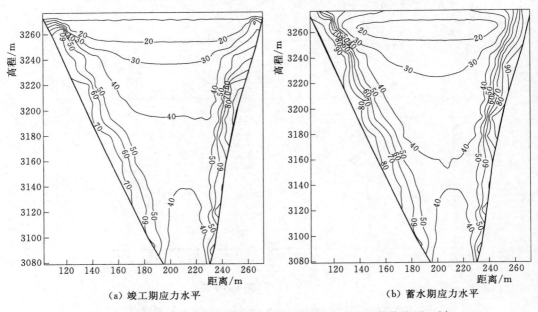

（a）竣工期应力水平　　　　　　　（b）蓄水期应力水平

图 3.19　宽高比为 0.8 的面板坝坝轴线纵剖面应力水平等值线图（％）

图 3.20 所示为最大断面 0+194.53 坝轴线处竣工期大主应力随高度比变化曲线。高度比定义为上覆土体高度 h 与最大坝高 H 的比值。图 3.21 所示断面 0+194.53 坝轴线底部应力比与宽高比关系曲线。应力比定义为大主应力 σ_1 与上覆土柱压力 $\gamma_s h$ 的比值。宽高比为 3.5、2.5、1.5、1.2、0.8 的面板坝河床底部竣工期大主应力 σ_1 分别约为上覆土柱压力 $\gamma_s h$ 的 0.73、0.70、0.60、0.56、0.48。可见，随着河谷变窄，河谷拱效应增强，坝内应力越来越小，坝体底部应力比（$\sigma_1/\gamma_s h$）也越来越小，宽高比低于 1.5 的陡窄河谷，河床坝段底部的垂直应力仅约为上覆土柱自重的 1/2。随着河谷变窄，坝体与岸坡接触部位高应力水平区域越来越大，局部达到 0.90～1，接近或达到塑性极限。

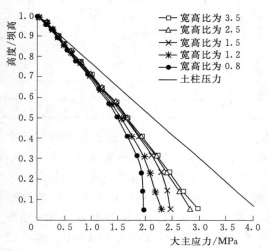
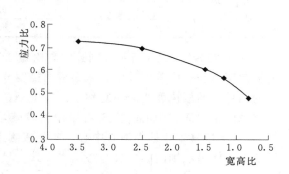

图 3.20　断面 0+194.53 坝轴线处竣工期　　　　　图 3.21　断面 0+194.53 坝轴线底部
大主应力随高度比变化曲线　　　　　　　　　　　应力比与宽高比关系曲线

综上可见，河谷的地形形状对于面板堆石坝坝体的应力与变形有着较为明显的影响。在坝高与坝体分区材料不变的情况下，狭窄河谷坝体位移值明显小于宽阔河谷坝体位移值，且对于非对称河谷情况，坝体位移分布呈不对称分布，缓坡侧坝体的位移有向陡坡侧"侵入"的趋势。陡坡侧位移值相对较小，但变化梯度相对较大，缓坡侧位移值相对较大，但变化梯度相对较小。

羊曲下坝址面板坝实际河谷宽高比为 0.8，宽高比 1.5 和 3.8 则分别为维持岸坡坡度，将河谷宽度放大 2 倍和 5 倍。羊曲、玛尔挡、猴子岩等工程研究表明，狭窄河谷拱效应会导致坝体竣工期变形较小，但后期变形明显增大，且大坝竣工后变形趋势发展在很长一段时期内都存在。因此，必须通过提高坝体填筑初期的密实度以减小后期坝体在高应力、高水头作用下的变形。玛尔挡面板坝主堆石料压实设计指标：孔隙率为 19.5%，而目前在建最为狭窄的 223.5m 高猴子岩面板坝（河谷宽高比约为 1.3）坝体上游灰岩堆石料密实度设计指标为 2.25g/cm³，相应孔隙率为 19%，为国内在建和已建面板堆石坝密实度指标之首。对于硬岩堆石料，一般情况下密实度达到 2.3g/cm³ 已经基本达到极限。

3.2　河谷效应对防渗体系应力变形的影响

5 种河谷形状面板坝防渗体系应力变形的计算结果见表 3.4。

表 3.4　　　　　　　5 种河谷形状面板坝防渗体系应力变形的计算结果

统　计　项　目			宽　高　比				
			3.5	2.5	1.5	1.2	0.8
面板	蓄水期	挠度/cm	32.1	30.6	29.9	29.6	29.0
		轴向变形/cm	3.8/−3.7	3.7/−2.8	3.6/−1.9	3.3/−1.3	2.8/−0.9
		轴向应力/MPa	12.02/−2.20	11.86/−2.08	9.11/−1.82	9.05/−1.73	7.26/−1.66
		顺坡向应力/MPa	12.07/−0.41	11.53/−0.83	10.24/−0.96	8.30/−1.17	7.93/−1.28
接缝	蓄水期	面板周边缝	错动/mm	11.4	13.7	23.3	25.1	30.0
			沉陷/mm	12.6	18.0	24.9	25.7	37.4
			张开/mm	6.2	9.0	11.0	11.9	12.8
		垂直缝	张开/mm	4.3	4.9	6.4	7.8	8.0

图 3.22～图 3.26 所示分别是宽高比为 3.5、2.5、1.5、1.2、0.8 的面板坝面板蓄水期轴向变形和挠度等值线图。从面板的挠度分布上看,蓄水期面板的最大挠度位于一期面板的顶部,面板挠度的分布对称于河谷中心。从面板的水平位移分布图上看,面板的水平位移总体指向河谷中心。由于右岸岸坡较陡,面板底部水平位移均指向右岸(陡峻侧岸坡),水平位移零线偏离河谷中心,向陡峻侧岸坡偏转。面板轴向位移分布趋势与坝轴线纵断面坝体沿坝轴向的位移趋势基本一致。且随着河谷变窄,面板挠度和轴向变形越来越

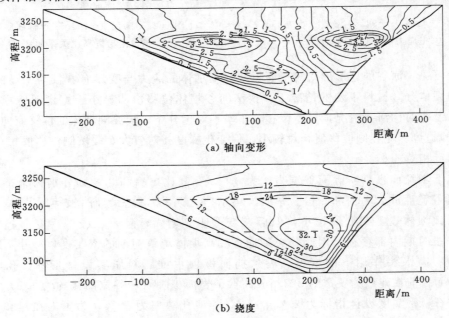

图 3.22　宽高比为 3.5 的面板坝面板蓄水期轴向变形和挠度等值线图(单位:cm)

小，河谷宽高比从 3.5 变为 0.8 的面板最大挠度从 32.1cm 减小至 29.0cm，面板向右岸的最大变形从 3.8cm 减小至 2.8cm，面板向左岸的最大变形从 3.7cm 减小至 0.9cm。

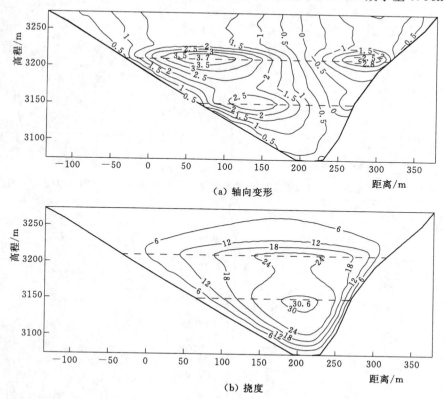

（a）轴向变形

（b）挠度

图 3.23　宽高比为 2.5 的面板坝面板蓄水期轴向变形和挠度等值线图（单位：cm）

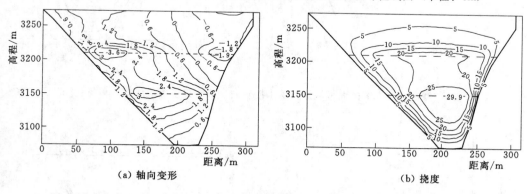

（a）轴向变形

（b）挠度

图 3.24　宽高比为 1.5 的面板坝面板蓄水期轴向变形和挠度等值线图（单位：cm）

图 3.27 所示为面板蓄水期轴向变形及挠度极值随河谷宽高比变化曲线。由图 3.27 可见，面板轴向变形及挠度随着河谷宽高比的减小而有所减小，宽高比为 1.5 时曲线有明显拐点，河谷宽高比低于 1.5，面板轴向变形和挠度减幅明显增大。由于河谷右岸岸坡更为陡峭，随着河谷变窄，左侧、右侧面板轴向变形的不对称性更为显著，右侧面板指向左岸的变形减小幅度明显比左侧面板指向右岸的变形大。

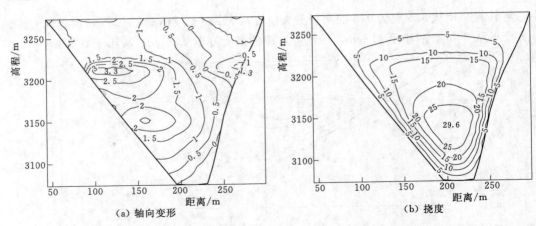

图 3.25　宽高比为 1.2 的面板坝面板蓄水期轴向变形和挠度等值线图（单位：cm）

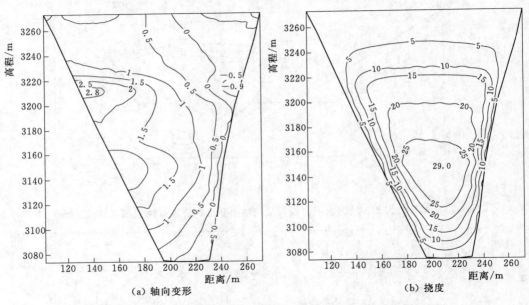

图 3.26　宽高比为 0.8 的面板坝面板蓄水期轴向变形和挠度等值线图（单位：cm）

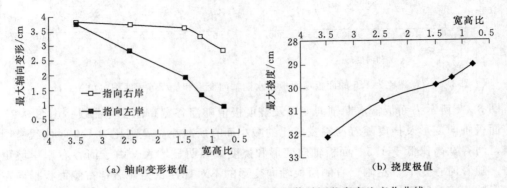

图 3.27　面板蓄水期变形极值及挠度极值随河谷宽高比变化曲线

　　图 3.28～图 3.32 所示分别是宽高比为 3.5、2.5、1.5、1.2、0.8 的面板坝面板蓄水期轴向应力和顺坡向应力等值线图。

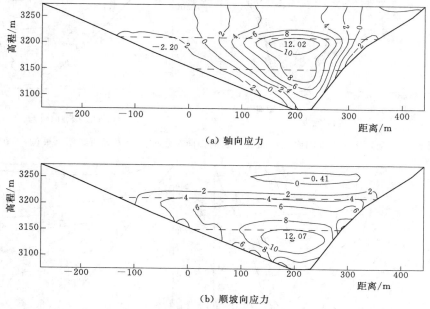

图 3.28　宽高比为 3.5 的面板坝面板蓄水期轴向和顺坡向应力等值线图（单位：MPa）

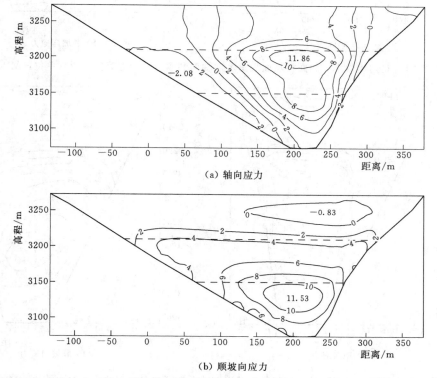

图 3.29　宽高比为 2.5 的面板坝面板蓄水期轴向和顺坡向应力等值线图（单位：MPa）

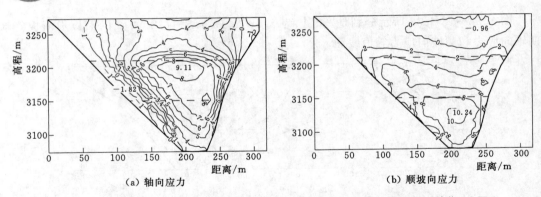

(a) 轴向应力　　　　　　　　　　　　(b) 顺坡向应力

图 3.30　宽高比为 1.5 的面板坝面板蓄水期轴向和顺坡向应力等值线图（单位：MPa）

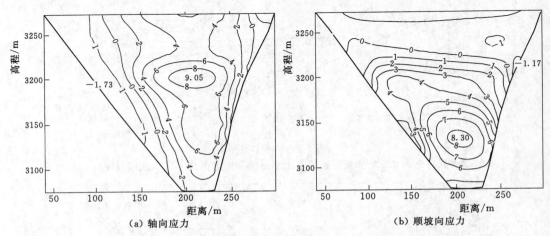

（a）轴向应力　　　　　　　　　　　　（b）顺坡向应力

图 3.31　宽高比为 1.2 的面板坝面板蓄水期轴向和顺坡向应力等值线图（单位：MPa）

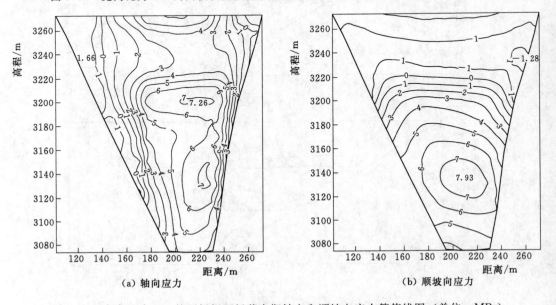

（a）轴向应力　　　　　　　　　　　　（b）顺坡向应力

图 3.32　宽高比为 0.8 的面板坝面板蓄水期轴向和顺坡向应力等值线图（单位：MPa）

图 3.33 为面板蓄水期轴向应力和顺坡向应力极值随河谷宽高比变化曲线。河谷宽高比从 3.5 变至 0.8，面板最大轴向压应力从 12.02MPa 减小至 7.26MPa，最大轴向拉应力从 2.20MPa 减小至 1.66MPa，最大顺坡向压应力从 12.07MPa 减小至 7.93MPa，最大顺坡向拉应力则从 0.41MPa 增至 1.28MPa。

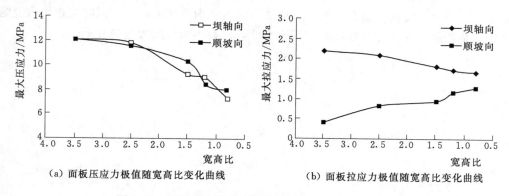

（a）面板压应力极值随宽高比变化曲线　　　　（b）面板拉应力极值随宽高比变化曲线

图 3.33　面板蓄水期应力极值随河谷宽高比变化曲线

从面板轴向应力分布来看，河床面板受压，两岸坝肩面板受拉，且随着河谷变窄，面板轴向压应力、拉应力数值越来越小，两岸坝肩处拉应力区范围有所缩小，宽河谷时拉应力范围顺岸坡约延伸至面板底部，窄河谷时拉应力范围主要集中在坝肩上部；从面板顺坡向应力分布来看，大部分面板受压，河床面板顶部附近面板受拉，且随着河谷变窄，顺坡向压应力数值越来越小，顺坡向拉应力数值则越来越大，拉应力范围有所扩大，自河床面板顶部附近逐渐向两岸和下部扩展。

图 3.34 所示为面板周边缝和垂直缝蓄水期变位极值随宽高比变化曲线。河谷宽高比从 3.5 变至 0.8，面板周边缝最大沉陷从 12.6mm 增至 37.4mm，最大张开从 6.2mm 增至 12.8mm，最大错动从 11.4mm 增至 30.0mm，面板垂直缝最大张开从 4.3mm 增至 8mm。

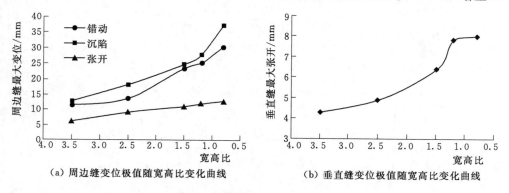

（a）周边缝变位极值随宽高比变化曲线　　　　（b）垂直缝变位极值随宽高比变化曲线

图 3.34　面板接缝蓄水期变位极值随河谷宽高比变化曲线

随着河谷变窄，面板周边缝错动变形、沉陷变形和张开变形都有所增大，尤其是陡坡处错动变形和沉陷变形增加明显；面板垂直缝随着河谷变窄，其张开变形也有所增大。

综上可见，河谷的地形形状对于面板堆石坝面板的应力与变形有着较为明显的影响。在坝高与坝体分区材料不变的情况下，狭窄河谷面板位移、轴向压拉应力和顺坡向压应力值明显小于宽阔河谷情况，而面板的顺坡向拉应力则是在狭窄河谷的情况下较大。对于非对称河谷情况，面板的位移分布呈不对称分布，缓坡侧面板的位移有向陡坡侧挤压的趋势，陡坡侧位移和应力变化梯度相对较大，缓坡侧位移和应力变化梯度相对较小。针对上述应力变形特点，在狭窄河谷面板堆石坝的设计、施工中，应进行合理的面板分缝分块，设置永久水平缝，提高面板对变形的适应能力，改善面板应力状态；同时应在周边缝附近设置特殊垫层区，并保证其较高的碾压密实度，以减小面板周边缝的变形。

混凝土面板堆石坝中由混凝土面板和接缝组成的防渗系统的完好性是工程安全运行的关键。防渗系统破坏的常见形式包括面板的开裂、挤压破坏、周边缝变位过大以及止水结构的破坏等。对于狭窄河谷区混凝土面板堆石坝而言，受河谷拱效应以及陡岸坡的影响，坝体变形相对宽河谷较小，但坝体的后期流变较大，坝体与岸坡接触面相对变位较大，岸坡附近变形梯度大，面板周边缝错动及沉陷变位大，因而对面板坝防渗系统安全不利。本章结合面板堆石坝运行工程案例，探讨狭窄河谷面板坝的破坏机理及设计控制技术，提出狭窄河谷区面板堆石坝工程设计基本原则。

4.1 狭窄河谷面板的破坏机理

4.1.1 混凝土面板堆石坝面板开裂工程实例

4.1.1.1 三板溪面板堆石坝

三板溪面板堆石坝坝高为 185.5m，坝顶长为 423.3m，高宽比为 2.28，所在河谷狭窄，两岸地形条件复杂。

三板溪主坝在坝前石渣及黄土覆盖前、下闸蓄水前及库水淹没前分别对一期、二期、三期面板混凝土进行了表面缺陷检查，检查发现：一期面板共发现 15 条裂缝，裂缝宽度小于 0.2mm 的 13 条，裂缝宽度为 0.25mm 和 0.5mm 的各 1 条；二期面板混凝土共发现 42 条裂缝，裂缝宽度小于 0.2mm 的共 35 条，裂缝宽度不小于 0.2mm 的共 7 条；三期面板混凝土共发现 49 条裂缝，裂缝宽度均小于 0.2mm。裂缝均为表面裂缝，未发现贯穿性裂缝。

水库于 2006 年 1 月 7 日下闸蓄水，同年 6 月库水位升至 429m（坝前最大库水深度约 100m）后，一直在该高程附近运行，持续时间约 1 年。在此期间，坝体变形和总渗漏量均不大，仅面板底部应力和个别点周边缝变形偏大，其中周边缝最大剪切变形为 45mm，大坝工作性态基本正常。

2007 年 6 月初，水库再次蓄高。库水位快速上涨过程中，相继出现渗流量和幕后坝基部分渗透压力突增，总渗漏量最大达到 303L/s。2008 年 1 月 10 日，库水位降至 426.25m（死水位 425m 附近），经水下检查确认：左 MB3～右 MB9 连续共 12 块面板

（长度约 184m）一期、二期水平施工缝部位（高程 385.00m）面板多处破坏，混凝土局部破损，外层钢筋向外弯曲，部分垂直缝止水发生破坏；面板破损区域最大宽度接近 4m，最大深度为 41cm，面板破损分布如图 4.1 所示。

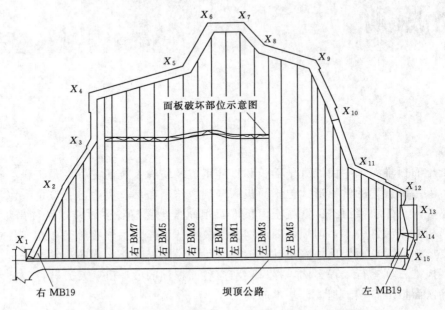

图 4.1 三板溪工程面板坝面板 385m 水平施工缝破损部位示意图

三板溪堆石坝面板发生破损存在两方面原因：①河谷形状和面板结构，从河谷形状来看，坝址区为稍不对称的 V 形横向河谷。基础开挖处理后，趾板周边连线为不规则的折线，尤其是右岸各折点连线转角较大，如折点 $X_3 \sim X_4$、$X_4 \sim X_5$ 和 $X_5 \sim X_6$ 的连线存在较大的折角（图 4.1），容易造成应力分布不均，实测结果也证明了该部位应力较大。另外，左侧 MB3～右 MB9 等 12 块面板一期、二期施工缝部位多处发生局部破损，可能与施工缝的结构有关。面板水平施工缝原设计从面板表面至约面板半厚为垂直于面板顶面，另一半接近水平，钢筋穿过截面，与混凝土面板一起整体受力。但实际施工缝按水平设置，面板施工缝实际形状如图 4.2 所示。这种结构存在明显缺陷，其两个角点是面板的薄弱部位，必然引起应力集中，再加上蓄水后堆石体沉降，面板与垫层之间的摩擦力造成面板小偏心受压，就在薄弱部位出现挤压破损情况。另外，由于面板上下层钢筋没有设置箍筋，面板底部有垫层约束，而面板上层没有约束，上层钢筋屈曲向外凸起加剧混凝土破损。②再次蓄水水位上升过快，2006 年 6 月库水位蓄至 429m 后，因库区移民搬迁进度滞后，库水位在 433 m 左右运行了约 1 年。期间坝体变形缓慢，面板内的压应力和钢筋应力也保持在较低水平，未见明显增大趋势。2007 年 6 月 5 日开始再次蓄水，坝体变形、面板应力和渗流量也随之增大；2007 年 7 月 26 日库区普降暴雨，入库洪峰流量为 7650m³/s，一日之内库水位暴涨约 5m，坝体沉降速率增大，压应力来不及调整，面板出现破损迹象，表现为渗漏量由 113.64L/s 增大到 255.42L/s，面板内的压应力（应变）监测值也随库水位上升快速增大，到接近抗压强度时，突然减小或变成拉应力或异常损坏。

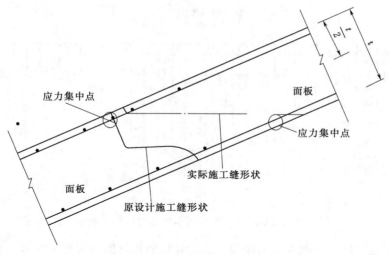

图 4.2 三板溪工程面板坝水平施工缝形状图

4.1.1.2 天生桥一级面板堆石坝

天生桥一级面板堆石坝虽非修建在狭窄河谷地区的面板坝，但其出现的问题具有代表性。天生桥一级水电站工程面板坝出现的缺陷问题主要有：①垫层料坡面裂缝问题；②面板与垫层料间脱空问题；③面板裂缝问题；④面板垂直缝混凝土挤损问题。

垫层料坡面亏坡和裂缝出现在二期与三期面板的垫层料坡面。垫层料裂缝主要原因是堆石体不均匀变形所致。为了度汛需要，每年枯期均按度汛断面填筑，汛期则填两岸，于是出现了沿坝体横向及纵向的填筑高差大，从而产生的不均匀沉降过大；施工过程中填筑强度不均，短期内填筑强度大，曾出现过月强度 117 万 m^3 和日强度 4 万 m^3 以上的速度，造成了较集中的变形；由于高峰填筑强度较平均强度（50 万～55 万 m^3/月）大得很多，施工碾压、推土机具不足，未按规定的碾压参数进行碾压；建筑物开挖的软岩坝料，设计要求为微风化及新鲜的岩石，但实施过程中物料分选不严，其物理力学性质有较大改变，特别是压缩性大，从而沉陷量增加。

在施工过程中检查每期面板的多数板块顶部均出现和垫层料脱空的现象，脱空面板数分别占各期面板数的 85%、85% 及 52%，最大脱空高度为 15cm，可探深度为 10m。2002 年 6 月再次用物探方法，对高程 760m 以上面板脱空进行探测，共探测面积 27805m^2。探测结果表明：在 34 块面板中有 64 个脱空区，总脱空面积为 8314m^2，单块脱空最大面积为 400m^2，脱空高度为 1～5cm。脱空现象的产生原因主要是由于混凝土和堆石体两种材料变形不协调，垫层料和堆石料的变形过大。

2000 年 1 月以前调查的面板裂缝共约 1300 条，其中大于 0.3mm 的裂缝有 355 条，最大宽度为 4mm，最大深度为 34cm。2002 年 4—7 月又再次对高程 748.6m 以上的面板进行裂缝调查，共发现裂缝 4537 条（含分支裂缝），其中新裂缝约占 61%，单条裂缝长度多在 10m 以下，裂缝宽度大于 0.3mm 的约 80 条，裂缝最大深度为 41.7cm。裂缝群总体趋势是从两岸向河床方向降低。面板主要裂缝分布图如图 4.3 所示。

面板产生裂缝的原因，除了初期温度应力之外，主要是垫层料和堆石体的变形过大所

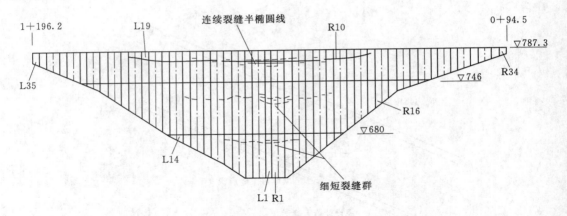

图 4.3　天生桥一级面板堆石坝面板主要裂缝分布示意图（单位：m）

致。垫层料在施工填筑期间发生大面积亏坡，补填的料物因一次补填太厚、斜坡上压实不好，且新老接触面不紧密，造成了斜坡表面有一层薄弱层；在面板发生裂缝后，所测干密度为 2.08g/cm³（设计值为 2.2g/cm³），相应的孔隙率达到 26%，说明垫层料疏松、压缩模量低；堆石体变形大的原因已如前述。另外，坝体填筑后立即浇筑面板混凝土，没有错开堆石变形高峰期，这是面板发生裂缝的又一原因。2000 年及以前检查的裂缝，密集带采用贴 GB 胶板的处理方法；缝宽大于 0.3mm 的裂缝，采用凿槽填塞预缩砂浆的处理方法。2002 年对面板裂缝再次调查后，对缝宽大于 0.3mm 的裂缝进行环氧灌浆处理，裂缝密集带涂刷环氧材料保护膜。

2003 年 7 月，大坝 L3、L4 面板分缝处混凝土发生局部破损，破损位置延伸至约748m 高程，破损部位平均宽度为 1m，最大宽度为 4m，破损深度平均为 24cm，最大为30cm，下部混凝土仍基本完好，缝内未见明显渗漏。通过对破损混凝土清除后重新浇筑混凝土，并在原缝顶设 SR 塑性止水系统处理后度汛。2004 年 5 月，库水位为 747.77m，在 2003 年破损修复部位再次发生破损，破损延伸至二期面板 710.0m 高程，破损情况仍以 L4 面板较为严重，平均宽度约为 1.6m，最宽为 5.2m，破损深度平均为 26cm，最大深度为 35cm。L3、L4 面板分缝处的挤压破坏现象如图 4.4 所示。

L3、L4 面板分缝发生破损的主要原因是压性垂直缝为硬缝，无吸收变形及调整应力分布的能力。坝体堆石向河床的向心位移引起河床面板受压，同时因河床坝体向下游位移较两岸坡大，使面板整体呈凸向下游的锅底状，导致面板垂直缝面上压应力分布不均，呈现为表面大、底部小，再加上每年 5—7 月高温低水位的面板表面温度的附加压应力，最终发生表面局部破损的情况。对面板局部破损的处理除修补破损混凝土外，同时对破损部位两侧各两条垂直缝（间隔两块或三块面板）进行切缝改造，缝内填塞硬橡胶板，已达到传递压力和吸收变形的作用。

至 2006 年年底，实测最大沉降为 354cm，位于最大断面附近，约在坝高 0.6 倍处坝轴线附近软岩料区内，95% 的沉降量发生在 2000 年以前，其沉降过程如图 4.5 所示；实测面板挠度的极值出现在分区浇筑的面板顶部，最大断面面板板挠度的峰值点测值分别为40.7cm（一期面板顶）、39.9cm（二期面板顶）、53.9cm（三期面板顶）；周边缝实测最

图 4.4　天生桥一级面板堆石坝 L3、L4 面板分缝处的挤压破坏现象

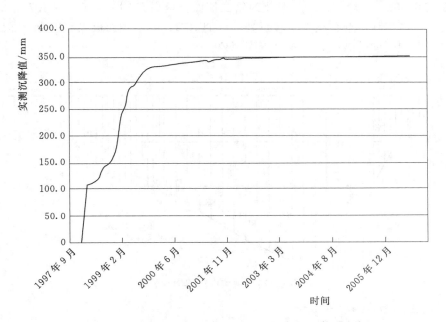

图 4.5　天生桥一级面板堆石坝最大沉降点沉降过程线

大沉降量为 28.48mm，剪切量为 20.81mm，张开量为 20.92mm。总体来看，天生桥大坝变形在已建工程经验范围内，渗流量较小，大坝运行正常。

4.1.1.3　罗马尼亚里苏（Lesu）面板堆石坝

罗马尼亚里苏面板堆石坝坝高 60m，1972 年建成，采用分离式混凝土面板。水库运行 2 年后，左岸坝肩面板与趾板间产生显著位移，导致周边缝止水破坏，漏水逐渐加大，满库运行 4 年后，右岸坝肩面板继续产生了一系列裂缝（图 4.6）。论证认为堆石体长期流变引起堆石体沿岸坡的运动是其主要原因。

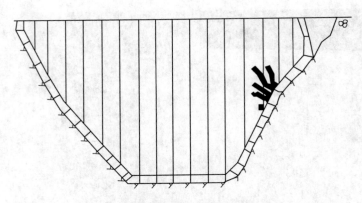

图 4.6 里苏坝面板堆石坝的面板裂缝

4.1.1.4 水布垭面板堆石坝

水布垭面板堆石坝高为 233m，坝址为 V 形峡谷。大坝于 2003 年 1 月底开始填筑，于 2006 年 10 月填筑至高程 405.00m，大坝填筑基本完成。2005 年 1—3 月浇筑第一期面板至高程 278.00m，2006 年 1—3 月浇筑第二期面板至高程 340.00m（图 4.7）。2006 年 6 月检查发现，右岸坝肩趾板线发生转折处的一期 R12、R13 号面板底部周边缝部位混凝土出现不同范围和厚度的破碎、脱皮、起壳现象。

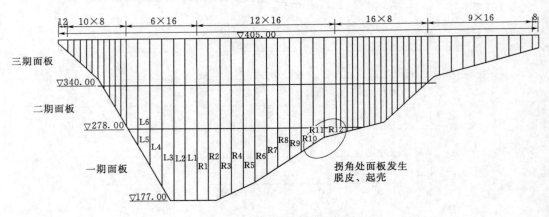

图 4.7 水布垭面板坝的面板裂缝

4.1.2 混凝土面板开裂机理

混凝土面板是大坝主要防渗结构，其防渗、限裂和耐久性能对大坝安全性至关重要。从已建工程来看，混凝土面板裂缝普遍存在，按照裂缝产生的原因，可以大体分为结构性裂缝与非结构性裂缝。

面板结构性裂缝主要是由于面板的受力特性引起。从面板的受力情况来看，面板承受的荷载有自重、库水压力、堆石体对面板的支撑力和摩擦力等。在上述荷载作用下，面板必然发生挠曲变形，导致板内呈受压或受拉状态。其中，坝体向河谷中央的变形引起对面板的摩擦力是造成面板轴向应力的主要因素，库水压力和面板自重作用是造成面板顺坡向应力的主要因素。当面板挠曲产生的拉应力大于混凝土抗拉强度时，面板就会产生张拉裂缝，当面板受压产生的压应力大于混凝土抗压强度时，面板就会产生挤压裂缝。

研究和实践表明，产生面板结构性裂缝的主要原因包括：填筑体后期沉降量大；分期填筑引起的填筑体之间产生的不均匀沉降；坝前坡面垫层亏坡严重、压实度不够。

非结构裂缝主要由混凝土干缩、内部物理化学作用产生的膨胀力以及温度应力引起，该因素对面板的开裂影响较小，却是导致面板早期细小开裂的主要因素，是面板后期开裂的潜在隐患。

温度应力裂缝是由于面板坝面板厚度小、结构暴露面大、对环境温度变化较敏感所致。在浇筑混凝土时，由于水泥水化热导致混凝土板块内部产生较大的温升，而此时若表面保温措施不到位，表面散热就较快，使混凝土内外形成较大温差，就将产生温度应力；一旦温度应力超过混凝土的抗拉强度，则产生早期裂缝或贯穿性裂缝。由温度应力导致的面板裂缝是非常普遍的。

混凝土收缩裂缝是由于新浇筑混凝土表面干燥过快所致。新浇筑混凝土在空气中硬结，当它受风吹日晒时外层水分容易挥发，致使混凝土表面干燥过快，导致干缩较大，此时表面混凝土受内部混凝土约束，就会在表面产生拉应力，就有可能干缩开裂引起表面裂缝。混凝土初期收缩变形发展较快，所引起的表面裂缝大多是"龟裂"。干缩应力虽然仅作用在 3cm 左右深的表面上，但若再与内外温差联合作用就会使表面裂缝扩展成深层裂缝。混凝土面板与堆石料有不同的结构形态及力学性质，在坝体自重以及库水荷载作用下，两者的变形难以协调。当坝体发生不均匀沉积、垫层亏坡等时，混凝土面板与下卧堆石体之间常发生脱空，造成面板受力性状改变造成开裂。

对于修建在狭窄河谷地区的面板堆石坝而言，狭窄河谷地形影响了坝体的变形，为面板开裂的控制带来许多挑战，主要体现在以下几个方面：

（1）狭窄河谷地形特点使得坝体的拱效应明显。堆石体的竖向应力分量通常小于其自重应力，坝体的自重有相当一部分由两岸坝肩承担。坝体在初期变形相对较小，但流变的发展使得坝体内部的应力逐步调整，坝体后期变形不可忽视，进而引起面板受力状态改变，促进面板裂缝的产生与发展。

（2）狭窄河谷两岸通常较为陡峻，岸坡地形复杂，左右两岸通常不对称。在这种地形下，坝体的沉降特点复杂，面板可能因不均匀沉降产生开裂。

（3）由于岸坡陡峻，坝体与岸坡接触面相对变位较大，岸坡附近变形梯度大，面板可能发生较大的周边缝错动及沉陷变位。

4.2　坝体变形控制设计技术

混凝土面板坝破坏的控制，首先是要控制坝体的变形，避免过大的坝体沉降以及不均匀变形的产生，主要措施包括以下几个方面：

（1）坝基与岸坡的处理。两岸岩石岸坡的趾板地基开挖清理，要力求连续平顺，避免因地基突变而引起不均匀沉陷，导致混凝土面板局部应力集中。坝基范围内有断层、破碎带、开张裂隙等不利地质构造或地基透水性过大时，需要进行防渗处理。当岸坡存在倒坡或台阶状地形时，需要进行开挖处理。

（2）坝体分区与碾压施工的优化。堆石体包括垫层区、过渡区、主堆石区、次堆石区等几个部分。在设计时应当对坝体的分区进行优化，垫层区、过渡区、主堆石区应采用优质硬岩堆石料。垫层、过渡层与相邻的主堆石区的填筑应按照平起填筑、均衡上升的原则组织施工。为了降低流变的影响，应当提高坝体的密实度，同时碾压施工时要严格控制碾压的遍数，以防止欠压或过压。各期面板施工平台填筑完成时间与面板浇筑时间间隔不得少于 3 个月，以使面板浇筑时坝体能够进行充分的沉降。

（3）增模区的设置。在陡峻的岸坡处，因为坝肩的应力通常较大，此时应采用模量较高的堆石料，以减小差异变形及应力集中带来的影响。

4.2.1　上下游堆石区的变形协调控制

实践证明，高混凝土面板堆石坝的上游堆石体与下游堆石体协同支撑面板和面板传递的水荷载。原型观测和数值计算分析均表明：下游堆石体的变形对上游堆石体和面板的应力变形性状有显著的影响，上下游堆石区变形的不协调将导致顶部坝体水平位移增大、垫层区裂缝、面板脱空和裂缝以及面板顺坡向拉应力的增加，影响高混凝土面板堆石坝的安全。

4.2.2　坝肩堆石区与河谷中央堆石区的变形协调控制

建于 V 形河谷或狭窄河谷的高混凝土面板堆石坝，其坝肩堆石区的变形受河谷形状及两岸约束作用的影响较明显，与河谷中央堆石区的变形会有一定差异，坝肩堆石区的沉降变形倾度较大，水平位移梯度也较大，会导致垫层区和面板产生斜向裂缝。因此，对于 V 形河谷狭窄河谷中的高混凝土面板堆石坝，在坝肩附近坝体与顶部坝体应设置高变形模量的堆石区（简称增模区），以达到坝肩堆石体与河谷中央堆石体的变形协调。

4.2.3　各堆石区变形的同步协调控制

堆石体的变形取决于压缩层厚度、上覆荷载（填筑层高度）、面板传递的水荷载，在施工期和蓄水期这些因素都在变化；堆石体的变形还取决于坝体材料本身的变形特性，包括其流变、劣化等特性，也是随时间而变化的。因此在施工期、蓄水期乃至运行期不同空间位置堆石体变形还需要同步协调。变形同步协调设计主要包括以下两个方面：

（1）坝体各分区的坝体材料（包括利用的开挖料）的变形特性尤其是流变变形特性应互相协调，以免各区的变形随时间的变化而产生较大的差异。

（2）坝体的填筑顺序与形象面貌应注意与各分区的变形同步协调，各分区的填筑高程不宜相差过大，尽可能全断面均衡上升。

4.2.4　混凝土面板变形和堆石坝体变形的同步协调控制

混凝土面板是浇筑在堆石坝体上的钢筋混凝土薄板，其几何尺寸（质量）和刚度与堆石坝体相差很大。堆石坝体的变形往往是面板变形的数倍或高 1~2 个数量级，两者变形的不协调尤其是不同步协调，会使得面板脱空，导致产生水平向挠曲应力裂缝，也使得面板受到坝轴向挤压，导致河谷中央面板混凝土挤压破坏；或使得坝肩附近面板产生较大的拉应力，导致面板产生拉裂缝。

混凝土面板变形和堆石坝体变形的同步协调设计主要包括以下 3 个方面：

（1）在堆石料源确定的情况下，应注意筑坝材料颗粒级配、压实标准与碾压施工机械的选择，使堆石坝体的变形特性尽可能改善。

（2）正确选择面板分期与面板浇筑时间，在堆石坝体变形的变化速率与面板变形相协调的情况下确定浇筑时间，即在堆石坝体变形基本趋于稳定时浇筑面板混凝土（称为预沉降时间），浇筑时坝体填筑顶面高程应高出该期面板顶面高程一定高度（称为超高），使面板浇筑后的面板变形与坝体变形同步协调。

（3）减小面板与垫层区之间的约束，减小因坝体变形与面板变形的差别而产生对面板的摩擦力，从而减小此摩擦力引起的面板应力，尤其是减小坝肩附近的面板的坝轴向拉应力、河谷中央部位面板的坝轴向压应力，避免或减轻坝肩附近面板的拉裂缝和河谷中央部位面板混凝土的挤压破坏；同时减小面板顺坡向应力，避免顶部可能产生的拉裂缝和底部面板可能产生的压碎现象。

已建坝的经验和教训之一就是没有避开堆石变形的高峰期浇筑面板，使得面板产生大量结构性裂缝。通过对目前大坝变形特性的分析，坝体预沉降量化指标如下：①预沉降时间，即每期面板施工前，面板下部堆石体应有 $3\sim7$ 个月预沉降期；②预沉降收敛，即每期面板施工前，面板下堆石体的沉降变形率已趋于收敛，监测显示的沉降曲线已过拐点、趋于平缓，月沉降变形值不大于 $2\sim5$mm。

4.2.5　根据不同地形地质条件设置特殊坝体分区

修建于狭窄河谷的坝高 223.5m 的猴子岩坝在两岸附近与坝体底部设置主堆石特别碾压区，如图 4.8 所示。宜兴抽水蓄能电站上库面板堆石混合坝建在倾斜地形条件上，其为

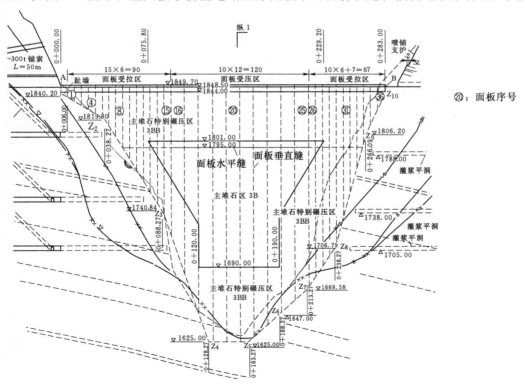

图 4.8　猴子岩混凝土面板堆石坝特别碾压区设置（单位：m）

了增加坝体抗滑稳定性，减小对坝趾高挡墙的土压力，并改善高程427m以上坝体和面板的工作条件，提高了高程427m以下坝体变形模量，提高其填筑标准，称为增模区（图4.9）。

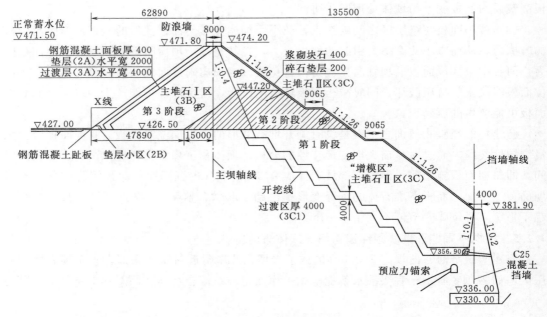

图4.9　宜兴抽水蓄能电站上库混凝土面板堆石混合坝断面（单位：尺寸，mm；高程，m）

4.3　面板限裂技术

杨德福等在面板堆石坝限裂方面的研究具有代表性。混凝土面板裂缝问题可以简要表示为抗裂能力和破坏力之间的关系，用 R 表示混凝土抗裂能力，P 表示破坏力，则：$R>P$，面板不发生裂缝；$R<P$，面板出现裂缝；$R=P$，面板处于临界裂缝状态。一般地，混凝土抗裂能力可以表示为：

$$R=E_p\varepsilon_p \tag{4.1}$$

式中：E_p 为混凝土的弹性模量；ε_p 为混凝土的极限拉伸。

破坏力可以表示为：

$$P=\sigma_1+\sigma_2 \tag{4.2}$$

式中：σ_1 为温度徐变应力；σ_2 为干缩徐变应力。

由于混凝土面板厚度很薄，在防止贯穿性裂缝进行的计算中，可满足下式：

$$\frac{E_p\varepsilon_p}{k}\geqslant\sigma_1+\sigma_2 \tag{4.3}$$

式中：k 为抗裂安全系数。

相较于大体积混凝土，混凝土面板厚度较薄，水化升温阶段较短，在混凝土由于温度和干缩产生的总应力中，干缩应力占有很大的比例，并具有早期数值较小、后期数值较大的特点，从收缩变形可以看出，以总的收缩量为 100%，则 $15d$ 后为 15%，3 个月为 60%，6 个月为 80%，1 年为 95%，所以面板浇筑后保持长时间的养护非常必要。

在不同的时间点混凝土收缩变形值计算公式为：

$$\varepsilon_y(\tau)=\varepsilon_y(1-e^{-b\tau})M_1M_2\cdots M_n \qquad (4.4)$$

式中：$\varepsilon_y(\tau)$ 为龄期为 τ 时的收缩变形值；ε_y 为标准状态下的最终收缩值；τ 为混凝土浇筑后至计算时的天数；b 为试验常数；$M_1\sim M_n$ 为考虑各种非标准条件的修正系数，包括水泥品种、骨料岩性、混凝土水灰比、水泥浆量百分数、养护时间、环境相对湿度、风速、暴露面积、配筋率及施工工艺等影响因素。

可以将混凝土收缩变形换算成当量温差 $T_y(\tau)$：

$$T_y(\tau)=\frac{\varepsilon_y(\tau)}{\alpha} \qquad (4.5)$$

所以温度收缩应力可用下式计算，即：

$$\sigma=-E(\tau)\alpha\Delta T\left(1-\frac{1}{\mathrm{ch}\beta\dfrac{L}{2}}\right)S_h(\tau) \qquad (4.6)$$

其中
$$\Delta T=\Delta T_1+\Delta T_2$$

式中：σ 为混凝土温度（包括收缩）应力；$E(\tau)$ 为混凝土龄期 τ 时的弹性模量；α 为混凝土线膨胀系数；ΔT 为混凝土综合温差；ΔT_1 为最不利温差；ΔT_2 为收缩当量温差；$S_h(\tau)$ 为考虑徐变影响的松弛系数；$\left(1-\dfrac{1}{\mathrm{ch}\beta\dfrac{L}{2}}\right)$ 为面板外约束系数。

综上可以看出，从混凝土抗裂角度出发，除了需要规定混凝土的抗压强度标号外，还应规定混凝土的抗拉强度，按照计算理论防止面板发生裂缝。

根据面板的开裂机理，面板开裂防控设计主要包含以下几个方面：

（1）面板的变形控制。面板的变形依赖于下卧堆石体的变形特点，因此对面板的变形进行控制的根本是对坝体的变形控制，降低坝体的沉降以及不均匀变形量。

（2）合理分缝。面板在大坝两坝肩周边处呈三维复杂受力状态，且多为受拉区，而面部中部多为受压区。根据面板的受力特点，同时为利于面板适应边坡地形变化，在大坝周边部位的面板宜采用窄型板，而中间部位面板宜采用宽型板。

（3）由式（4.6）可以看出，混凝土面板浇筑初期温度升高阶段，面板主要是受压，不会因温度收缩应力产生贯穿性裂缝，但由于初期龄期短、强度低，可能会出现塑性裂缝和干缩裂缝，随着混凝土龄期增加和面板降温，会逐步产生拉应力。所以，应选择有利的浇筑时期，使得浇筑初期不会产生过大的拉应力，另外，28d 以后的保温保湿养护非常重要，应一直延续到蓄水。

（4）由式（4.6）可以看出，基础约束作用对面板应力也具有重要影响，面板堆石坝的面板是浇筑在垫层料的保护层上，保护层一般为碾压砂浆或喷射混凝土，此保护层将对面板产生一定约束。为了防止面板裂缝，可尽量采用碾压砂浆，少采用喷射混凝土。保护层应光滑平整，避免表面粗糙和不平整，减少嵌入基础的锚固物，面板与保护层之间填铺细砂或其他增滑材料，如油毡或乳化沥青。

（5）面板的设计方面。采用双层双向配筋，在周边缝及受压垂直缝附近布置加强筋。

（6）面板的材料方面。使用低水化热的水泥，降低混凝土水化热；在面板混凝土中掺用一定量的粉煤灰（20%～25%），降低水泥用量、改善混凝土热学性能和变形性能、减少混凝土收缩；在保证面板混凝土和易性的基础上，最大限度地少用胶凝材料；使用优质外加剂（减水剂、减缩剂等），改善混凝土和易性，降低混凝土单位用水量，降低混凝土干缩变形；使用纤维掺合物，提高混凝土的抗拉强度和极限拉伸值；表面喷涂表面养护剂，减少混凝土干缩，改善面板混凝土的抗渗性、耐久性，以便于裂缝修复。

4.4　新型止水结构设计

4.4.1　传统接缝止水设计理念的提出和实践

由于窄河谷中高混凝土面板堆石坝的面板接缝三向位移大，作用水头高，其接缝止水的难度是各类水工建筑物接缝中最大的。根据混凝土面板堆石坝接缝止水技术的发展，

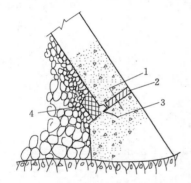

图 4.10　塞沙那面板坝的接缝止水
1—橡胶止水带；2—填缝木板；
3—铜止水；4—沥青砂浆

1975 年以前是接缝止水技术的探索期。这一时期的特点是，面板坝建设借用了混凝土坝的接缝止水技术，最具有代表性的是 1967—1971 年修建的澳大利亚的塞沙那坝。其面板周边缝底部采用了鼻高 44mm 的 W 型铜止水（图 4.10），成型后退火韧化，中部采用了宽 350mm 的橡胶止水带。投入运行后，该坝周边缝经历了最大 21.5mm 的沉陷、12mm 的张开和 7.5mm 的剪切位移，总体渗漏量初期仅为 35L/s，4 年后稳定在 10L/s，其止水技术是成功的。

哥伦比亚的安奇卡亚坝沿用以前的止水方法，周边缝仅设置了一道橡胶止水带。大坝运行后当库水位达到溢洪道堰顶时，渗漏量达 1800L/s。观测发现周边缝位移很大，最大值达张开 125mm，沉降 106mm，剪切 15mm。经查明，大部分渗漏发生在周边缝局部部位。放空水库后检查发现，大多数止水带是完整的，但比较松动，止水带周围的混凝土呈蜂窝状，渗漏就发生在止水带的周围。安奇卡亚坝进行修复施工中，采用 IGAS 玛琋脂填料嵌填周边缝缝口，外面用富沥青砂浆保护 IGAS 玛琋脂。在部分周边缝张开较大的部位，采用橡胶管嵌塞缝口，然后嵌填 IGAS 玛琋脂。修复后的水库漏水量稳定在 180L/s 左右（图 4.11）。

塞沙那坝的止水效果和安奇卡亚坝中采用 IGAS 玛琋脂进行修补的成功经验为后面工程提供了借鉴。随后于 1975 年开工的阿利亚坝和 1976 年开始兴建的哥伦比亚格里拉斯坝，周边缝均采用了 3 道止水，即顶部 IGAS 玛琋脂填料、中部止水带和底部铜止水。

巴西的阿利亚面板坝，坝高 160m，于 1980 年建成并蓄水，在周边缝止水方面是一座里程碑式工程。周边缝采用三道止水结构。表层为氯丁橡胶薄膜保护的 IGAS 玛琋脂，其下为直径 5cm 的氯丁橡胶管，中部为 PVC 止水，底部为位于氯丁橡胶板上的铜止水，氯

丁橡胶板下是沥青砂浆垫。阿利亚坝蓄水后效果良好，经观测发现最大位移为：张开24mm，沉陷55mm，错动25mm，大坝漏水量初期为236L/s，此后逐年下降并稳定在70L/s左右。

阿利亚坝设计时认为，塞沙那坝的两道止水是必须的，安奇卡亚坝的经验表明采用一道止水时，只要止水带存在缺陷就会导致很大的渗漏。采用两道止水时，即使两道止水都有缺陷，但缺陷发生在同一部位的可能性很小，渗漏水只能在两道止水之间的缝隙中流动，从而减小了渗漏量。因此，采用多道止水对于减小渗漏量更加有效。经过第一阶段的施工以后，阿利亚坝堆石体的低模量得到证实，由此估算接缝位移可达50mm。为此决定加强周边缝止水，采用在安奇卡亚坝修补中被证实有效的IGAS玛琦脂塑性填料嵌填周边缝。这就是传统的止水设计理念，它强调采用多道止水限制接缝渗流，即使这些措施自身存在缺陷，也可以将渗漏量限制在可以接受的程度。国外后期提出的自愈型止水理念也继承了这一思路。

然而，上述传统止水设计理念的工程实践并不顺利，首先在格里拉斯坝就经历了挫折。哥伦比亚的格里拉斯面板坝，坝高125m，1978年建成，但直到1982年6月才开始蓄水。河谷宽高比0.86，右岸坝头陡峻，坡度为70°，周边缝3道止水，即顶部用PVC覆盖的IGAS、中部PVC止水带和底部F型铜止水。水库投入运行后，周边缝最大位移为沉陷56mm，张开100mm，剪切36mm，渗漏量达1080L/s。检查发现周边缝中的IGAS没有与面板混凝土紧密粘接，而是呈干燥的粉状，右岸一些部位的IGAS已从PVC盖片中溢出。修补时把表层IGAS全部清除，并在混凝土面板上打一个便于IGAS流入的小槽，并填补新的IGAS，最后用新的PVC盖片遮盖。格里拉斯坝修补后的渗漏量稳定在470L/s左右。

此后至20世纪90年代中期，国外又建设了一系列100m坝高以上的高混凝土面板堆石坝，见表4.1。这些坝中既有哥伦比亚的萨尔瓦兴娜坝、印度尼西亚的希拉塔坝、澳大利亚的利斯坝等运行较好的坝，也有尼日利亚的希罗罗坝、泰国的考兰坝等渗漏量较大的坝。

对于阿利亚坝的传统接缝止水设计理念，巴西学者平托提出（Pinto，1988），在接缝中埋设两道不同材质或不同尺寸的止水以提高接缝止水的可靠性，减小由于一道止水破坏导致接缝止水洞开的风险；同时当接缝渗漏时，玛琦脂塑性填料可以发挥自愈止水作用。阿利亚坝的优异止水效果证实了这种周边缝止水理念是有效的。进一步平托发问，这3道止水中究竟是哪道实际控制了接缝渗漏量？

为了解答这一问题，平托进行了模型试验，结果发现：①当接缝张开位移达到25mm时，PVC止水带将发生破坏；②IGAS玛琦脂自身不论是对于防止渗漏还是自愈止水，都是无效的；玛琦脂在水压力下将出现陷洞或开口，当渗漏水在其中通过时，没有发现任何自愈现象。据此，平托推论玛琦脂的作用取决于其上覆盖的橡胶盖片，用盖片将水压力分散开，并使玛琦脂压入接缝缝隙。鉴于玛琦脂止水的自愈性能较差，以及历次工程中无黏性填料表现出的有效自愈性能，平托提出了无黏性填料自愈止水设计理念，在接缝表面布置粉细砂，粉细砂与面板下的反滤料一起，可以在接缝发生较大位移时控制接缝渗漏量，并强调这一理念尤其适用于特高混凝土面板堆石坝。

表 4.1　　　　　国外部分百米以上高混凝土面板堆石坝的周边缝止水及运行情况

坝名	坝址	坝高/m	坝顶长/m	岩性	顶止水	中止水	底止水	沉陷/mm	张开/mm	剪切/mm	渗漏量/(L/s)	完建年份
阿利亚	巴西	160	828	玄武岩	IGAS 塑性填料	PVC	铜片	55	24	25	236→70	1980
辛戈	巴西	150	850	玄武岩	塑性填料	无	铜片	29	30	45	127→160	1994
萨尔瓦兴娜	哥伦比亚	148	362	砾石	塑性填料	PVC	铜片	19.7	15	15.4	60→23	1985
塞格雷多	巴西	145	720	玄武岩	IGAS 塑性填料	无	铜片	2	6	—	390→45	1992
安奇卡亚	哥伦比亚	140	260	角页岩	无	橡胶	无	106	125	15	1800→154	1974
考兰	泰国	130	1000	灰岩	IGAS 塑性填料	300mm Hypalon	F 型铜片	8	5	22	550→53	1984
格里拉斯	哥伦比亚	125	110	砾石	IGAS 塑性填料	PVC	铜片	56	100	36	1080→470	1978
希罗罗	尼日利亚	125	560	花岗岩	无	橡胶	PVC	50	30	21	1800→100	1984
希拉塔	印度尼西亚	125	450	凝灰角砾岩	IGAS 玛琋脂	Hypalon	铜片	5	10	8	10→2	1988
利斯	澳大利亚	122	400	辉绿岩	无	Hypalon	不锈钢	70	9.8	—	6.5	1986
塞沙那	澳大利亚	110	213	石英岩	无	PVC	铜片	21.5	12	7.5	35→7	1971

注　1. 上游河床采用混凝土拱坝作为高趾墙，趾墙以上面板堆石坝坝高155.5m。

　　2. 沿一期、二期面板水平施工缝发生挤压破坏。

　　3. 沿中部 L19/L20 面板间压性缝出现挤压破坏，破坏长度自坝顶向下延伸达159m。坝中部还出现横向挤压破坏。提升防浪墙也出现挤压破坏。

　　4. 为汶川地震后数据。

　　5. Crotty 坝下游坝面设置了泻槽式溢洪道，其设计流量约为 250m³/s，并已多次泄洪。较大的一次泄流量仅为 14m³/s。该坝运行 10 年后的坝体沉陷值为 44mm，仅为坝高的 0.053%。

　　平托的无黏性填料止水理念延续了传统的面板坝接缝止水设计理念，即强调采用多道止水限制接缝渗流以控制渗漏量。所不同的是，当模型试验证明玛琋脂塑性填料自愈性能较差时，平托将其替换成了较易流动的无黏性填料（粉煤灰、粉细沙），但在设计上依然是传统的限制渗漏量的理念，而不是截断渗流的概念。采用无黏性填料止水，其基础是利用渗流带动细颗粒实现淤堵，本质上是一种非稳定的过程，理念上不属于截断渗水，抗扰动以及长期运行的可靠性存有疑虑。

　　墨西哥的阿瓜密尔巴坝（Aguamilpa Dam）坝高187m，1993 年 6 月开始蓄水。我国的天生桥一级坝坝高178m，1998 年 8 月开始蓄水。这两座当时国内及世界最高的混凝土面板堆石坝，均采用了无黏性填料的止水设计。阿瓜密尔巴坝的周边缝经历了 18mm 沉陷、25mm 张开和 5.5mm 剪切的最大位移，初始渗漏量为 260L/s，后经抛填粉煤灰、粉细砂，最终渗漏量稳定在 170L/s。天生桥一级坝的周边缝经历了 28mm 沉陷、21mm 张开和 21mm 剪切的最大位移，初始渗漏量为 150L/s，最终渗漏量稳定在 70L/s。

4.4.2　动态稳定周边缝止水理念

面板传统接缝止水设计中缺乏对各道止水的量化设计方法，缺乏合适的塑性止水填料，国内对阿瓜密尔巴坝的设计理念也有疑虑，最终把希望寄托在无黏性填料或塑性填料的自愈性上的做法，不是理性选择；另外常规类比方法设计的止水带和铜止水发生破坏并引发渗漏很难避免；认识到如果不对各道止水的类比设计方法进行改进，止水很难做到安全可靠，很难保障其在地震、变位值增加、长期运行等情况下的稳定防渗，由此提出了动态稳定止水的设计理念。

首先把止水作为一个系统进行设计。止水系统的动态稳定性是指系统受到小的或者大的扰动后（如水位变化、地震作用、变位变化等），通过自身的自动调节，保持长期、稳定止水的能力，即受扰动后不破坏或者不失效的稳定能力。这种扰动及作用在止水中产生的既有线性小变形（如在荷载小幅度正常变化时），也有非线性大变形（如在较大地震或发生接缝三向大位移时）。

动态稳定止水理念与传统止水设计理念的最大区别是，设计中将止水作为一个系统，充分考虑荷载的长期作用、变位预测的不准确性及其他各种线性、非线性的作用和扰动，通过各道止水的量化设计，使之成为独立稳定的止水，既可在正常设计工况下实现非流动止水，又可在非常情况下依靠流动自愈止水功能愈合止水系统的缺陷，从而提高止水系统的安全可靠性。为了实现这一设计理念，提出了自带支撑结构的新型表层止水结构，以满足表层止水在大坝长期运行中始终可以保证自身的动态稳定。新的理念核心是把止水寄希望于各道止水的长期独立可靠，寄希望于整个止水系统长期抗荷载及各种其他扰动的动态稳定能力，如果系统在不可预知的因素作用下发生破坏，则依然能发挥流动自愈的止水能力。

假设止水系统的可靠概率为 P_r，失效概率为 P_f，则有 $P_r = 1 - P_f$，设某一道止水的失效概率为 P_{fi}，并且假定当止水系统所有的止水均失效时整个止水系统才失效，并且各道止水失效事件相互独立，则有：

$$P_f = \prod_i P_{fi}(u, v, w, p) \tag{4.7}$$

式中：P_f 为整体止水结构的失效概率；P_{fi} 为止水构件 i 的失效概率函数；u、v、w、p 分别为止水构件的沉陷位移、张开位移、剪切位移和水压力。

由可靠概率和失效概率的互补关系，可以得到整个止水系统的可靠概率为：

$$P_r = 1 - \prod_i [1 - P_{ri}(u, v, w, p)] \tag{4.8}$$

式中：P_r 为止水体系的可靠概率；P_{ri} 为止水构件 i 的可靠概率函数。

由式（4.8）可以得到止水设计可靠的基本原则：多道止水体系设计原则，假设某一个止水构件的 k 的可靠概率最大，即 $P_{rk} = \max_i(P_{ri})$，由于 $0 \leqslant P_{ri} \leqslant 1$，可以得到 $P_r \geqslant P_{rk}$，可以看出，使用多道止水可以使止水系统的可靠概率 P_r 提高，另外，推论结果还表明，止水结构的可靠度取决于可靠度最大的止水构件。

另外，根据式（4.8）还可以得到多样性止水设计原则，即体系中不同止水构件止水性能不同，$P_{ri} \neq P_{rj} (i \neq j)$，每种止水构件均对应着最不利的荷载组合使其达到最小值，可以表示为 $P_{ri}(u_m, v_m, w_m, p_m) = \min[P_{ri}(u, v, w, p)]$，比如塑性材料抵抗张开的能力较差，止水带对接缝变形总量敏感，铜片止水抵抗剪切位移较差。为了防止某一种止水构件的最不利组合成为止水系统的最不利组合，不建议采用同类型的止水构件组建止水系统的多道止水防线。

独立稳定的止水，即可以独立承受大接缝位移和高水压力不破坏，并发挥止水作用；接缝中塑性填料止水不仅应能止水防漏，而且在水库蓄水接缝张开时，能够流入并淤填接缝，在新的稳定位置继续发挥止水作用。为了实现这一新的止水设计理念，就必须基于理论研究，建立表层止水、止水带和铜止水等止水的设计方法，开发出满足稳定止水要求的塑性填料，同时研制出仿真试验模型，在试验室内证明新理念的可行及可靠性。

国内基于动态稳定止水的新理念，提出了独立稳定的新型表层止水结构，并首先在福建高 122m 的芹山坝中应用。该结构的特点是：将原来设置在接缝中部无法确保止水效果的止水带提至接缝表层，将其设计成可吸收预期接缝位移的波形断面，并用螺栓固定在缝口混凝土面，波形止水带底部设置支撑橡胶棒，以防止止水带在大张开位移时掉入接缝被破坏；接缝底部采用的铜止水根据几何大变形数值分析方法进行尺寸设计和模型试验论证；在接缝顶部设置由表层 GB 三元乙丙复合盖板保护的塑性填料止水。芹山坝于 1998 年蓄水，初期渗漏量仅为 10L/s，最终渗漏量稳定在 5L/s，其成功实践为窄河谷高面板坝的接缝止水设计决策提供了有力的支撑。

4.4.3　具吸收变形能力的受压垂直缝结构

传统受压垂直缝缝面一般仅涂刷沥青乳剂，缝宽仅 2～3mm，当坝体变形较大时，面板中上部受压垂直缝两侧易发生面板混凝土挤压破坏。

洪家渡面板坝面板板间竖缝分为 A 型垂直缝和 B 型垂直缝。A 型垂直缝是指连接面板左右岸部分受拉区域，左岸 5 条、右岸 6 条，A 型缝底部铜止水采用 W1 型，埋入面板长度左右各 200mm，翼缘深入面板 80mm，W1 型铜片止水的弯曲半径 $R = 6mm$，以弯曲部分不出现裂纹为宜，顶部采用柔性止水，如图 4.11 所示。

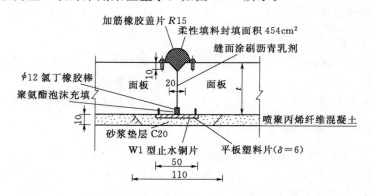

图 4.11　洪家渡面板坝面板受拉区 A 型垂直缝（单位：mm）

洪家渡 B 型受压型垂直缝位于面板中部，共 15 条，其底部铜止水也采用 W1 型，埋入面板左右长度为 200mm，翼缘伸入面板为 80mm，为改善加筋橡胶片的受力，缝口设置三角形槽，内回填柔性填料，如图 4.12 所示。受压垂直缝面采用具有一定厚度的闭孔塑料板替代缝面沥青乳剂，压型垂直缝设计成具有一定宽度、富有弹性和抗压缩能力的结构形式。具有吸收变形能力的受压垂直缝，一方面改善了面板受压时的接缝缓冲性能，增加了接缝受压弹性；另一方面又简化了垂直缝施工工艺，并简化了施工程序。

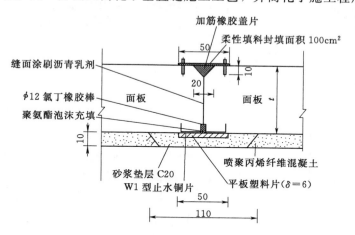

图 4.12　洪家渡面板坝面板受压区 B 型垂直缝（单位：mm）

马来西亚 Bakun 面板坝压性垂直缝的缝宽和填缝材料因缝位置的不同而不同：①第 16～第 21 块及第 27～第 34 块面板间共 12 条垂直缝，缝宽均为 12mm，缝间填 12mm 厚沥青木板，木板弹性模量大于 11000MPa，缝顶设 100m 深的 V 形槽；②第 21～第 27 块板间共 6 条垂直缝，在高程 121m 以下，缝的上部宽度均为 60mm，缝内填充 60mm 厚 Pulai 软木板，该木板在 10MPa 压应力下压缩量为 90%；缝的底部 200mm 范围宽度仍为 12mm，缝间填 12mm 厚沥青木板；在高程 121m 以上，缝宽均为 50mm，缝内填充 50mm 厚 Pulai 软木板；在距周边缝 15m（斜坡距离）范围之内，缝宽均为 12mm，缝间填 12mm 厚沥青木板，缝顶设 100m 深的 V 形槽，如图 4.13 所示。上述措

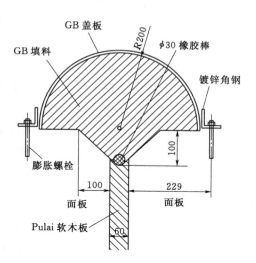

图 4.13　Bakun 面板坝压性垂直缝
表面止水结构（单位：mm）

施极大地改善了面板受压时的接缝缓冲性能，Bakun 坝坝体虽采用强度较低的杂砂岩填筑，沉降较大，但面板应力变形性状良好，没有产生面板挤压破坏等问题。

狭窄河谷区高面板坝工程实践

第 5 章

黔中水利枢纽一期工程位于贵州中部黔中地区，处于长江和珠江两大流域分水岭地带，是贵州省首个大型跨地区、跨流域、长距离的水利调水工程。工程的开发任务以灌溉、城市供水为主，兼顾发电等综合利用。一期工程包括水源工程、灌区和贵阳市供水一期工程，其中平寨水库水源枢纽工程是黔中水利枢纽工程的水源点，也是整个水利枢纽工程的核心之一。

平寨水库水源枢纽包括水库、大坝枢纽及电站工程。水库大坝位于贵州六枝特区与织金县交界的三岔河中游平寨河段附近，坝址地形为贵州省较常见的 V 形河谷。坝址所在河谷狭窄，两岸尤其是右岸地形陡峻，坝顶高程处河谷宽高比约为 2.2。水库大坝坝型采用混凝土面板堆石坝，最大坝高为 157.50m，水库正常蓄水位为 1331m，死水位为 1305m，汛期限制水位为 1331m，设计洪水位为 1331.83m，校核洪水位为 1333.52m，水库总库容为 10.89 亿 m^3，正常蓄水位以下库容为 10.34 亿 m^3，兴利调节库容为 4.48 亿 m^3。平寨电站装机容量为 136MW，渠首电站装机容量为 4.2MW。

平寨水库大坝为混凝土面板堆石坝，坝顶上游混凝土防浪墙墙顶高程为 1336.20m，坝顶高程为 1335m，坝顶长为 355m，坝顶净宽为 10.3m，河床部位趾板最低建基面高程为 1177.50m，最大坝高为 157.50m。大坝上游坝坡坡比为（面板顶部）1：1.404，下游坝面设置宽度 8m 的"之"字形公路，公路间局部坝坡坡比为 1：1.25～1：1.3，下游综合坝坡坡比为 1：1.533。大坝填筑石料主要为灰岩，其干燥状态下抗压强度平均值为 69.42MPa，饱和状态下抗压强度平均值为 58.05MPa。

平寨水库水源工程为大（1）型 I 等工程，混凝土面板堆石坝、开敞式溢洪洞、泄洪兼放空洞、低部位放空洞灌溉供水引水隧洞进水口、发电引水隧洞进水口建筑物级别为 1级，电站厂房、灌溉供水引水隧洞发电引水隧洞等次要建筑物级别为 3级。混凝土面板堆石坝设计洪水标准为 500 年一遇，校核洪水标准为 5000 年一遇；水电站厂房设计洪水标准为 100 年一遇，校核洪水标准为 200 年一遇；泄洪消能防冲建筑物设计洪水标准为 100年一遇。

工程场区地震基本烈度为 Ⅳ度，大坝设计烈度为 7 度，采用 100 年内超越概率 2% 的地震加速度值设计，相应的地震动峰值加速度为 138.6cm/s^2，采用 100 年内超越概率 1% 的地震加速度值校核，相应的地震动峰值加速度为 180cm/s^2。

5.1　坝体设计

　　平寨水库混凝土面板堆石坝布置于狭窄河谷段，坝轴线方位角为 89.805°。左岸及河床趾板基础布置于三叠系下统永宁镇组第二段第四层（T_1yn^{2-4}）灰色薄至中厚层灰岩与泥灰岩互层的岩石上；右岸趾板基础布置于三叠系下统永宁镇组第三段（T_1yn^3）极薄至中厚层灰岩的岩石上；除右岸趾板上部少量坐落在强风化岩石中部以外，其余河床及岸坡段均坐落在弱风化岩中下部。

　　混凝土面板厚度以 $T=0.3+0.0035H$（m）控制进行设计，实际面板厚度 $T=0.4\sim0.832$m，平均厚度为 0.616m，河床段趾板处最大厚度为 0.832m。混凝土面板宽度两岸受拉区面板每块宽 8m，坝体中部受压区每块宽 12m，总计 41 块。混凝土趾板为平趾板，趾板宽度为 6m，趾板厚度按距坝顶坝高分以下规格布置：距坝顶 1/3 坝高以上、1/3～2/3 坝高之间、2/3 坝高以下分别为 0.6m、0.8m、1.0m。

　　堆石坝体材料分区如下：面板上游为铺盖区和盖重区，顶部高程 1259.00m，顶部厚度分别为 2m、6m，两区上游坡坡比分别为 1:1.5、1:2.0；其中铺盖区紧靠面板铺填 0.9m 等厚的粉煤灰，加强防渗自愈能力。面板下游依次为垫层区（水平宽度 3m）、过渡区（水平宽度 5m）、主堆石区、下游次堆石区、主堆石排水区及下游护坡，均采用采自下游 II 号料场的新鲜坚硬灰岩石料；下游坝坡设计方案采用块石砌护，在距离坝顶 20m 范围内采用浆砌石护坡，以加强大坝抗震能力。因前期大坝填筑与坝后砌石未能同步进行，造成后期实施坝后护坡施工难度较大，实际采用了预制混凝土块铺填。

　　大坝面板及趾板的接缝止水类型有面板垂直缝、周边缝、混凝土面板与防浪墙的水平接缝、防浪墙伸缩缝、趾板伸缩缝，可分为 A 型周边缝、B 型受拉垂直缝、C 型受压垂直缝、D 型防浪墙水平缝、E 型防浪墙伸缩缝、F 型趾板伸缩缝 6 种接缝型式。为使接缝型式能适应坝体变形，采用三种止水措施。接缝处均设置优良止水材料。

　　库首防渗帷幕设计分成左岸山体段、大坝趾板段及右岸山体段三个部分，根据实际地质地形条件选定的防渗帷幕线进行帷幕设计，左岸防渗线路避开并远离鸡场背斜核部地区，远端防渗接三塘向斜弱岩溶、地下水高水位区，平面投影长度约为 1.8km，分四层平洞灌浆；右岸防渗帷幕的端点考虑接弱岩溶含水层具相对隔水性能的 T_1yn^2 泥岩，平面投影长度约 0.45km，分三层平洞实施；鉴于地质条件复杂，施工阶段根据灌浆平洞及先导孔揭露的地质情况进行动态设计及施工调整。

　　大坝左坝端与左岸灌溉取水口交通桥及左岸上坝公路相接，右坝端与发电洞进口交通桥、右岸上坝公路及开敞式溢洪洞进口交通桥相接，坝后坡公路接左岸厂坝公路进入坝后平寨电站厂区。右坝端布设一个平台，设置坝区配电房。

5.1.1　坝顶高程确定

　　坝址区域附近无气象站点分布，经研究沿用邻近的六枝气象站实测资料，多年平均年最大风速为 12.5m/s，最多风向为 SE，与坝轴线夹角约为 45°；实测最大瞬时风速为 15m/s，对应风向为 NNW，与坝轴线夹角约为 68°。因最大风速观测资料有限，仅1961—1990 年期间共监测 8 年，获得观测实测最大风速发生于 1990 年 11 月 9 日，故设计进行了推算，得到 30 年一遇最大风速为 21.6m/s。

坝顶高程根据各种运行情况的水库静水位加上相应超高后的最大值确定（表 5.1），按照《碾压式土石坝设计规范》（SL 274—2001）规定进行，坝顶超高 y 按下式计算：

$$y=R+e+A \tag{5.1}$$

式中：A 为安全加高，m；大坝为 1 级建筑物，按《碾压式土石坝设计规范》（SL 274—2001）的规定，正常运用情况 1.5m，非常运用情况 0.7m；e 为最大风壅水面高度，m；R 为最大波浪在坝坡上爬高，m。

表 5.1 水库静水位以上坝顶超高

运用条件	多年平均年最大风速	设计风速	风区长度	波高	波浪设计爬高	风壅水面高	安全加高	超高
	V_{max}/(m/s)	W/(m/s)	D/km	h/m	R_m/m	e/m	A/m	Y/m
正常	12.5	20.625	2.9	0.534	2.670	0.001	1.5	4.171
非常	12.5	12.5	2.9	0.285	1.483	0.0004	0.7	2.183

注 因本坝建筑物级别为 1 级，且推算 30 年一遇的瞬时最大风速为 21.6m/s，对应风向为 NNW，综合考虑设计风速的取值，在正常运用条件采用多年平均年最大风速的 1.65 倍。

波高、平均波长计算按规范采用内陆峡谷水库适用的官厅公式如下：

$$h=0.00166W^{5/4}D^{1/3} \tag{5.2}$$

$$L_m=0.062077WD^{1/3.75} \tag{5.3}$$

本工程取 $h_{5\%}/h_m=1.95$。

式中：h 为波高，m；本工程取 $gD/W^2=20\sim250$ 时，为累积频率 5% 的波高 $h_{5\%}$；L_m 为平均波长，m；h_m 为平均波高，m。

风壅水面高度按规范采用下式计算：

$$e=\frac{KW^2D}{2gH_m}\cos\beta \tag{5.4}$$

式中：K 为综合摩阻系数，取 3.6×10^{-6}；β 为计算风向与坝轴线法线的夹角，取 22°。

设计波浪爬高据大坝为 1 级坝而采用累积频率为 1% 的爬高值 $R_{1\%}$。坝面的坡度系数 m 为 1.406，按规范只能采用内插法，即计算 m 分别为 1.5 和 1.25，然后插值。

$m=1.5$ 时的计算公式为：

$$R_m=\frac{K_\Delta K_w}{\sqrt{1+m^2}}\sqrt{h_m L_m} \tag{5.5}$$

$m=1.25$ 时的计算公式为：

$$R_m=K_\Delta K_w R_0 h_m \tag{5.6}$$

式中：K_Δ 为斜坡的糙率渗透性系数，取 0.9；K_w 为经验系数，取 1.0；R_0 为无风情况下，平均波高 $h_m = 1.0\text{m}$ 时，光滑不透水护面的爬高值，取 2.5。

坝顶高程按规范要求分以下四种运用条件计算，取其最大值：

（1）校核洪水位加非常运用条件的坝顶安全超高。

（2）设计洪水位加正常运用条件的坝顶安全超高。

（3）正常蓄水位加正常运用条件的坝顶安全超高。

（4）正常蓄水位加非常运用条件的坝顶安全超高，再加地震安全超高。

地震安全加高按《水工建筑物抗震设计规范》（SL 203—1997）规范取值为 1.5m。坝顶高程计算成果见表 5.2。

表 5.2　　　　　　　　　　坝顶高程计算成果表　　　　　　　　　　单位：m

计算情况	水库静水位	坝顶超高 y	地震安全加高	防浪墙顶高程	防浪墙顶距路面高度	坝顶高程取整	备注
（1）	1333.52	2.183	0	1335.703	1.0		
（2）	1331.83	4.171	0	1336.001	1.0	1335.0	控制条件
（3）	1331.00	4.171	0	1335.171	1.0		
（4）	1331.00	2.183	1.5	1334.680	1.0		

从表 5.2 中看出，坝顶高程的控制条件为设计洪水位加正常运用条件的安全超高情况，坝顶设防浪墙，墙顶高程取为 1336.2m，坝顶高程取为 1335.0m。

5.1.2　坝顶设计

根据坝顶交通和面板施工设施场地要求，坝顶宽度选用 10.3m。坝顶面做成单侧坡，坡度为 1%。坝顶盖面材料为 C20 混凝土路面，垫层材料为碎石层。坝顶上游设防浪墙，下游设倒 L 形挡墙及栏杆，坝顶布置照明灯。

根据有限元应力应变分析成果，蓄水期坝顶沉降值为 35cm。考虑坝体堆石运行期蠕变影响，结合坝体变形经验计算成果，桩号横左 0－065.000～横右 0＋040.000 河床坝段的坝顶竣工后预留沉降超高采用 35cm，其余左岸、右岸岸坡坝段按 0～35cm 直线变化。预留沉降超高采用坝顶细石填料超填方式。

5.1.3　上游防浪墙及下游挡墙设计

上游防浪墙墙顶高程为 1336.20m，墙底高程为 1331.50m，墙高为 4.7m，墙底总宽度为 4.0m。立板采用 0.6m 等厚板，前趾板宽度（交通观测平台）为 1.0m、厚度为 0.492m。后踵板宽度为 3.0m，顶部坡度为 1∶4.0，起始断面厚度为 0.749m，末端断面厚度为 0.3m。防浪墙混凝土强度等级为 C20。为适应温度应力及不均匀沉陷，防浪墙沿长度方向按每 15m 设置一条伸缩缝，缝间设置橡胶止水带。

防浪墙底水平缝高程为 1331.991m，根据坝体变形经验估算成果，坝顶蓄水期沉降值为 0.35m，考虑该沉降后，该水平缝高程为 1331.641m，高于水库正常蓄水位 0.641m，所以防浪墙底水平缝高程的设置是合适的。防浪墙底高程为 1331.5m，高于水库正常蓄水位 1331m。

下游挡墙墙顶高程为 1335m，墙底高程为 1331.5m，墙高为 3.5m，墙底宽度为

3.0m。立板厚度为 0.6m，踮板顶部坡度为 1：4.0，起始断面厚度 0.749m，末端断面厚度 0.3m。下游挡墙混凝土强度等级 C20。下游挡墙沿长度方向按每 15m 设置一条伸缩缝。

5.1.4　坝体材料与分区填筑设计

平寨水库大坝坝体料源主要采自距离大坝下游右岸 1.5km 的 Ⅱ 号石料场，地层岩性主要为三叠系下统永宁镇组第三段（$T_1 yn^3$）的灰岩是较理想的坝料，母岩干密度为 2.705g/cm³，饱和抗压强度为 74.87MPa。各坝体分区料源统计见表 5.3。

表 5.3　　　　　　　　　　　　　分 区 料 源 表

材料分区	料场要求	岩　性	坝料要求
特殊垫层区（2B）	Ⅱ 号堆石料场	人工破碎及筛分后的灰岩料	弱风化石料轧制
垫层区（2A）	Ⅱ 号堆石料场	人工破碎及筛分后的灰岩料	弱风化石料轧制
过渡区（3A）	Ⅱ 号堆石料场	人工破碎的灰岩料	弱风化石料
主堆石区（3B）	Ⅱ 号堆石料场	灰岩料	弱风化-新鲜岩石
主堆石排水区（2F）	Ⅱ 号堆石料场	灰岩料	弱风化-新鲜岩石
下游堆石区（2C）	Ⅱ 号堆石料场	灰岩料	强风化以下石料
弃渣盖重（1B）	坝基开挖料	灰岩料	无要求
土料铺盖（1A）	坝址下游 Ⅰ 号土料场	黏性粉土	无要求
下游砌块石（3D）	Ⅱ 号堆石料场	灰岩料	强风化以下石料

坝体填筑分区从上游至下游依次分为石渣料盖重区（1B）、黏土及粉煤灰铺盖区（1A）、防渗区（混凝土面板及止水设施）、垫层料区（2A）、过渡料区（3A）、上游堆石区（3B）、下游堆石区（3C）、下游堆石排水区（3F）、下游护坡 9 个区，另在周边缝底部设有特殊垫层料区（2B），在右岸陡坡部位设有主堆石特别碾压区（3BB）。各分区具体设计如下：

（1）上游铺盖区及盖重区。在上游坝面 1259m 高程以下设置黏土及粉煤灰铺盖区，上游坡度为 1：1.6，顶宽为 3.0m。在黏土的下游面铺筑 0.9m 厚的粉煤灰紧贴面板，目的在于填充面板可能发生的裂缝，以使裂缝自愈，减少渗漏。铺盖上游面设盖重区，利用枢纽建筑物开挖石渣料铺设，盖重区顶部高程为 1259m，顶宽为 6m，上游坡度为 1：2。

（2）垫层区及过渡区。垫层区水平宽度 3m，内侧、外侧坡度均为 1：1.398。过渡区顶部（1329.50m 高程）水平宽度 5m，内侧、外侧坡度均为 1：1.398。其中周边缝底部设置特殊垫层区，顶宽为 1.0m，高度为 2m。为了保证趾板及堆石体基础渗流稳定，河床部位垫层及过渡区均向趾板下游延伸 20m，厚度分别为 2m、3m；两岸坡部位垫层及过渡区向趾板下游延伸 10～25m，厚度（建基面法向）分别为 2m、3m。

（3）主堆石区。1321.50～1329.50m 高程，过渡区至下游大块石护坡部分（上游侧坡度为 1：1.398、下游侧坡度为 1：1.25）、1321.50m 高程以下过渡区至下游堆石区及下游自由排水区（上游侧坡度为 1∶1.398、下游侧坡度为 1∶0.5）范围均属于主堆石区。

（4）下游自由排水区。坝体 1208.00m 高程以下（下游校核洪水位 1204.27m）、主堆石区至下游块石护坡范围设置下游自由排水区。

（5）下游堆石区。坝体 1208.00～1321.50m 高程、主堆石至下游块石护坡范围设置下游堆石区。

（6）下游干砌块石护坡。原设计坝后干砌块石护坡厚度 0.5m，坝顶以下 20m 范围内采取浆砌石护坡的抗震措施。具体坝料分区如图 5.1 所示。

5.1.5　垫层区设计

垫层区的作用：一是为面板提供均匀可靠的支承；二是从防渗的角度出发设置的第二道防线。根据垫层料的工作性状及防渗特点，其设计应满足以下原则及要求：

（1）级配良好，细粒料能填满粗粒料孔隙，使垫层具有较高的变形模量和最大的密实度，以满足支承面板的要求，使水荷载引起的变形减小到最小程度。

（2）具有足够的 P_5 含量，应满足半透水的要求，渗透系数 $K=10^{-3}\sim10^{-4}$cm/s，在运行期趾板、面板产生漏水情况下起到限制坝体渗漏量的作用，降低垫层后坝体水位，改善坝体稳定性和渗透性；对上游防渗铺盖的土料可起到一定的反滤作用，可让渗流把细粒土带入缝中堵塞渗流通道而起自愈作用。

垫层料设计工程量为 9.71 万 m³，采用人工砂石料，经人工破碎筛分后掺配而成，应具有连续级配。垫层料设计干容重为 2.24g/cm³，孔隙率为 17%，最大粒径 $d_{max}=80$mm，小于 5mm 的颗粒含量 $P_5=30\%\sim40\%$，小于 0.075mm 的颗粒含量 $P_{0.075}<8\%$。填筑层厚 40cm，碾子重 20t，碾压 8 遍，加水量约为 10%。

特殊垫层料设计工程量为 0.34 万 m³，采用人工砂石料，经人工破碎筛分后掺配而成，最大粒径 $d_{max}=40$mm，填筑层厚 20cm，设计干密度为 2.24g/cm³，孔隙率为 17%。

5.1.6　过渡区设计

过渡料位于垫层料与主堆石料之间，其作用是防止垫层中的细粒料在渗透水流作用下流失而导致渗透破坏，即要求过渡料与垫层料之间必须满足反滤准则，同时减小垫层料与主堆石料之间的强度差，达到变形模量的过渡。因此，一般应有良好的级配，压实后具有低压缩性、高抗剪强度，并能自由排水。

过渡料设计工程量为 15.82 万 m³，采用料场人工破碎的灰岩细堆石料，设计干容重为 2.21g/cm³，孔隙率为 18%。最大粒径 $d_{max}=300$mm，$P_5=20\%\sim30\%$，$P_{0.075}<5\%$。填筑层厚 40cm，碾子重 25t，碾压 8 遍，加水量按堆石体积的 10%～20% 控制，渗透系数为 $10^{-3}\sim10^{-2}$cm/s。

5.1.7　堆石区设计

（1）主堆石料。主堆石区是面板坝承受水荷载及其他荷载的主要支撑体，一般要求低压缩性（即高密度）和高抗剪强度，以确保在水荷载等的作用下面板变形不超过允许值；并具有自由排水性能，渗透系数应大于 10^{-2}cm/s，施工期及运行期均不产生孔隙水压力。

主堆石料设计工程量为 291.96 万 m³，设计干容重为 2.16g/cm³，孔隙率为 20%。主

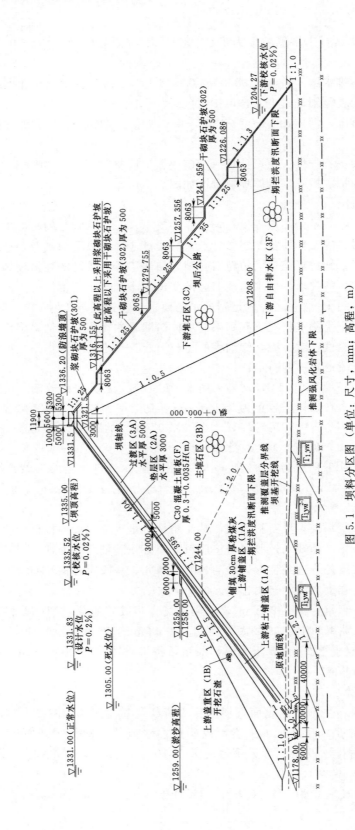

图 5.1　坝料分区图（单位：尺寸，mm；高程，m）

堆石料采用料场灰岩爆破开挖料，最大粒径 $d_{max}=800mm$，$P_5 \leqslant 5\% \sim 20\%$，$P_{0.075} < 5\%$。填筑层厚为 80cm，碾子重 25t，碾压 8 遍，加水量按堆石体积的 $10\% \sim 20\%$ 控制。

（2）主堆石排水料。主堆石排水区要求低压缩性和高抗剪强度，并具有自由排水性能。主堆石排水料设计工程量为 18.20 万 m^3，设计干容重为 2.08g/cm^3，孔隙率 23%。主堆石排水料采用料场灰岩爆破开挖料，最大粒径 $d_{max}=1000mm$，$P_{0.075} < 10\%$。填筑层厚为 100cm，碾子重 25t，碾压 6 遍，加水量按堆石体积的 $10\% \sim 20\%$ 控制。

（3）下游堆石料。下游堆石排水料设计工程量为 154.90 万 m^3，设计干容重为2.11g/cm^3，孔隙率为 22%。采用料场灰岩爆破开挖料，最大粒径 $d_{max}=800mm$，$P_{0.075} < 5\%$。填筑层厚为 80cm，碾子重 25t，碾压 8 遍，加水量按堆石体积的 $10\% \sim 20\%$ 控制。

（4）主堆石特别碾压区。设置在右岸坡陡坡段，设计工程量为 10.65 万 m^3，设计干容重为 2.17g/cm^3，孔隙率 19.5%。采用料场灰岩爆破开挖料，最大粒径 $d_{max}=$ 400mm，$P_5 \leqslant 5\% \sim 20\%$，$P_{0.075} < 5\%$。填筑层厚 40cm，碾子重 25t，碾压 8 遍，加水量按堆石体积的 $10\% \sim 20\%$ 控制。

（5）下游护坡料。下游护坡起到两个作用：一是保护坝体下游堆石料，避免细颗粒坝料受雨水冲刷导致流失；二是起美观作用。下游砌块石粒径要求为 $40 \sim 150cm$，尽量做到块石平整面朝下游，形状大致平整能起到稳定作用即可，岩块应坚硬耐风化。

5.1.8　面板及接缝止水设计

平寨水库大坝上游面共布置 41 块面板。大坝止水系统由周边缝、33 条垂直张性缝、7 条垂直压性缝、28 条防浪墙伸缩缝、12 条趾板伸缩缝、1 条一期和二期面板水平施工缝构成。

平寨水库面板堆石坝按地形和地质条件、坝体的不均匀沉降及大坝蓄水后面板的受力特征布置，两岸部分面板受拉，河谷中央部分面板受压。因此，在靠近两岸部分面板采用"宽小条多"的方法，左岸设计布置了 14 条、右岸设计了 19 垂直张性缝，河谷中央采用"宽大条少"的方法，布置了 7 条垂直压性缝，面板分缝布置如图 5.2 所示。

根据平寨水库混凝土面板堆石坝面板、趾板布置，接缝止水形式主要分为 6 类：周边缝、垂直张性缝、垂直压性缝、防浪墙水平底缝、防浪墙伸缩缝、趾板伸缩缝。

5.1.9　周边缝止水设计

周边缝位于面板与趾板交接处，由于面边和趾板位于两种性质不同的基础之上，所以周边缝在整个止水系是最容易造成漏水的部位。周边缝在设计时，采用 F 型止水铜片，顶部自下向上为复合波形橡胶带、柔性填料、Ⅰ级粉煤灰（图 5.3），外层以 1mm 厚金属保护罩以及无纺布保护。当面板发生较小位移，波浪形止水带被拉开和柔性填料一起被挤入缝隙，联合底部铜止水阻断水流。当面板位移继续增大，波浪形止水带和铜止水被撕裂，柔性填料全部被挤入缝隙后仍有水流外渗，粉煤灰将顺着水流向缝隙渗漏，在周边缝底部的水泥砂浆层表面形成堆积，通过粉煤灰细密的特性堵塞缝隙，实现自愈。

5.1.10　垂直缝止水设计

水库运行期间，坝体在水压力的作用下会向下游产生变形位移。在靠近岸坡部位，由于岸坡的约束，变形位移相对较小；在中央部位，岸坡的约束作用很小，变形相对较大。

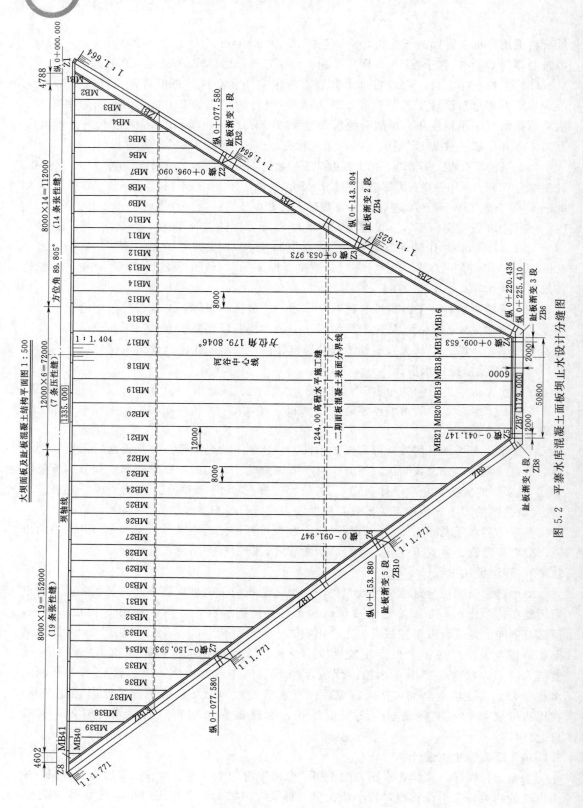

图 5.2　平寨水库混凝土面板坝止水设计分缝图

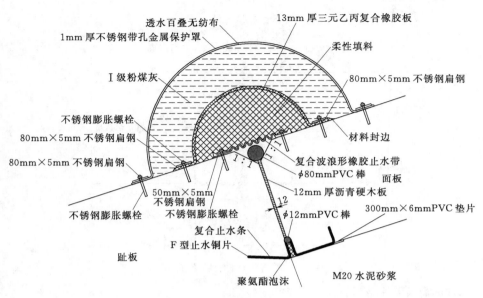

图 5.3　周边缝标准断面图

对于整个面板，将会出现中间向下游凹的迹象。因此，面板中央部位的缝隙将出现挤压，形成垂直压性缝，两侧部位的缝隙将被拉开，形成垂直张性缝。垂直张性缝运行期间，缝间距离由于受拉而逐渐增加，因此表层止水的体型要根据缝隙的张开距离和柔性填料的体积来确定。盖板要有足够的展开面积来满足缝隙的张开距离，塑性填料的体积至少为缝隙空腔体积的 3 倍。铜片作为一道独立的止水，起到阻断水流，防止柔性填料流失的作用。垂直压性缝在运行期间，缝隙间的距离由于受压会越来越小，表层止水的体型较小，缝隙间充填塑料板以适应面板的变形。垂直压性缝标准断面如图 5.4 所示，垂直张性缝标准断面如图 5.5 所示。

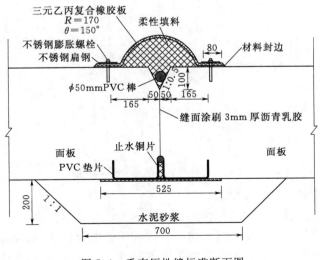

图 5.4　垂直压性缝标准断面图

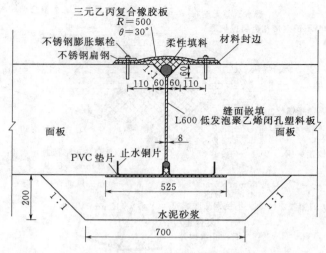

图 5.5　垂直张性缝标准断面图

5.1.11　防浪墙水平底缝设计

防浪墙水平底缝是面板上端和防浪墙底部交界处的缝隙，由于面板的变形、位移，可近似看做和垂直张性缝的原理来布置止水，设置表层止水、缝间夹木板、底部设置铜止水。标准断面如图 5.6 所示。

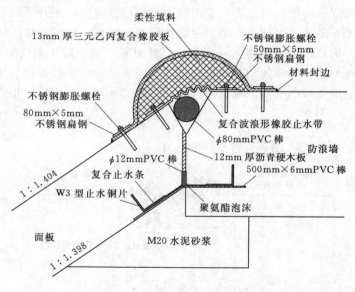

图 5.6　防浪墙水平底缝标准断面图

5.1.12　防浪墙伸缩缝、趾板伸缩缝

趾板伸缩缝分布于不同的地质条件和不同高程上，安装铜止水，既可以阻断水流，又可以适应趾板间的位移。防浪墙伸缩缝位于坝顶部位，引起相邻防浪墙产生位移的作用相对较少，因此只布置橡胶止水带来阻断波浪爬升的水流。趾板伸缩缝断面如图 5.7 所示，防浪墙伸缩缝如图 5.8 所示。

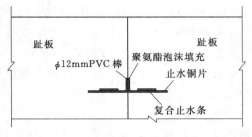

图 5.7 趾板伸缩缝断面图

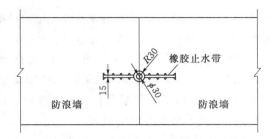

图 5.8 防浪墙伸缩缝标准断面

5.2 筑坝料室内试验研究

5.2.1 室内试验试样制备

试验用料依据《土工试验规程》（SL 237—1999）进行缩制。把原级配缩制成试验级配最常用的方法有相似级配法和等量替代法。相似级配法保持了级配关系（不均匀系数不变），细颗粒含量变大，但不应影响原级配的力学性质，一般来讲，小于 5mm 颗粒的含量不大于 15％～30％；等量替代法具有保持粗颗粒的骨架作用及粗粒料级配的连续性和近似性等特点，适用超粒径含量小于 40％的堆石料。至于采用何种缩尺方法，《土工试验规程》（SL 237—1999）尚未明确规定。

等量替代法计算公式：

$$P_i = \frac{P_{oi}}{P_5 - P_{d\max}} P_5 \tag{5.7}$$

式中：P_i 为等量替代后某粒组的百分含量，％；P_{oi} 为原级配某粒组的百分含量，％；P_5 为大于 5mm 的百分含量，％；$P_{d\max}$ 为超粒径的百分含量，％。

相似级配法计算公式：

$$p_{dn} = \frac{p_{do}}{n} \tag{5.8}$$

式中：p_{dn} 为粒径缩小 n 倍后相应的小于某粒径的百分含量，％；p_{do} 为原级配相应的小于某粒径的百分含量，％；n 为粒径的缩小倍数，为原级配的最大粒径除以设备允许的最大粒径。

本次级配缩制的原则为：①符合《土工试验规程》（SL 237—1999）条文说明的规定；②满足设计关于细颗粒含量（小于 5mm 粒径）的要求；③尽量满足试验密度的要求；④在满足上述 3 条的基础上，满足原各条级配之间粗细、颗粒大小的相关性。

设计级配曲线显示，对于垫层区料平均级配曲线，最大粒径不超过 60mm，因此直接采用设计级配平均曲线进行试验，不进行缩制；对于过渡区设计级配平均线，小于 5mm 的百分含量为 25.0％，超粒径的含量约为 35％，采用等量替代法进行缩制；对于主堆区料设计级配平均线，小于 5mm 的百分含量为 12.5％，超粒径的含量为 57.0％，先采用几何相似法（$n=1.5$）缩制，小于 5mm 的百分含量增至为 17.0％，然后采用等量替代法进行缩制；对于主堆区料设计级配下包线，小于 5mm 的百分含量为 5.0％，超粒径的含量达到 65.0％，考虑到超粒径含量较多，先采用相似级配法（$n=2$）缩制，小于 5mm 的百分含量增至为 13.0％，然后采用等量替代法进行缩制；对于次堆区料平均线设计级配平均线小于 5mm 的百分含量为 9.0%，超粒径的含量为 61.0%，先采用几何相似法（$n=2$）缩制，小于 5mm 的百分含量增至为 16.0%，然后采用等量替代法进行缩制。对于次堆区料下包线设计级配平均线，小于 5mm 的百分含量为 5.0%，超粒径的含量达到 65.0%，考虑到超粒径的含量较多，先采用几何相似法（$n=2$）缩制，小于 5mm 的百分含量增至为 13.0%，然后采用等量替代法进行缩制；缩制后试验级配曲线如图 5.9 所示。

5.2.2 大型三轴静力剪切试验

本次试验共进行了 16 组试样的大型三轴静力剪切试验，试样尺寸均为 $\phi300 \times 700mm$。根据试验要求的干密度、试样的尺寸和级配曲线计算所需试样，试验所用的试样均处于自然风干状态，分 60～40mm、40～20mm、20～10mm、10～5mm、5～1mm、1～0mm 6 种粒径范围进行试样的称取。将备好的试样分成五等份，混合均匀，将透水板放在试样底座上，打开进水阀，使试样底座透水板充水至无气泡溢出，关闭阀门。在底座上扎好橡皮膜，安装成型筒，将橡皮膜外翻在成型筒上，在成型筒外抽气，使橡皮膜紧贴成型筒内壁。装入第 1 层试样，均匀拂平表面，用振动器进行振实，振动器底板静压为 14kPa，振动频率为 40Hz，电机功率为 1.2kW，根据试样要求的干容重大小控制振动时间，试样装好后，整平表面，加上透水板和试样帽，扎紧橡皮膜，去掉成型筒，安装压力室，开压力室排气孔，向压力室注满水后，关闭排气孔。三轴试验围压系统采用油水互换，自动控制，具有加压速度快、精度高（0.5% 范围自动补偿）、可全天候工作等特点。按要求施加围压，对试样进行固结，固结完成后，使试样保持排水条件，进行固结排水剪切试验。试验剪切速率控制为 2.0mm/min。剪切过程中由计算机采集试样的轴向荷载、轴向变形、排水量或孔隙水压力，并同步绘制应力-应变曲线，直至试样破坏或至试样轴向应变的 15%。当应力-应变曲线有峰值时，以峰值点为破坏点，峰值点所对应的主应力差（$\sigma_1 - \sigma_3$）为该堆石料的破坏强度，反之则取轴向应变的 15% 所对应的点为破坏点，对应的主应力差（$\sigma_1 - \sigma_3$）为该堆石料的破坏强度。重复上述过程分别进行围压为 500kPa、1000kPa、1500kPa 和 2000kPa 状态下的试验研究，整个试验过程均按《土工试验规程》（SL 237—1999）进行。图 5.10～图 5.13 分别为垫层料、过渡料、主堆石料、次堆石料三轴试验曲线。

5.2.3 大型三轴动力特性试验

动力特性试验在 1500kN 大型动静三轴压缩试验仪上进行。该仪器是目前国内最大、最先进的大型动静两用三轴压缩试验仪。该仪器主要技术参数：最大轴向静荷载为 1500kN（三挡 300kN、800kN、1500kN），最大轴向动荷载为 500kN，最大周围压力为 4.0MPa，最大反压力为 0.5MPa，最大轴向行程为 210mm，动荷载频率为 0.01～5Hz；动荷载波形有正弦波、三角波、矩形波。

动弹性模量和阻尼比试验和动力残余变形试验的试样尺寸为 $\phi300 \times 700mm$，试料均处于自然风干状态，根据试验要求的干密度、试样尺寸和级配曲线计算所需试料，试样分 10 层制备，每层试料分 60～40mm、40～20mm、20～10mm、10～5mm、5～1mm、1～0mm 6 种粒径范围进行试料的称取，每份搅拌均匀，先将透水板放在试样底座上，打开进水阀，使试样底座透水板充水至无气泡溢出；关闭阀门，在底座上扎好橡皮膜，安装成型筒，将橡皮膜外翻在成型筒上，在成型筒外抽气，使橡皮膜紧贴成型筒内壁，装入第 1 层试样，均匀拂平表面，用表面振动器进行振实，振动器底板静压为 14kPa，振动频率为

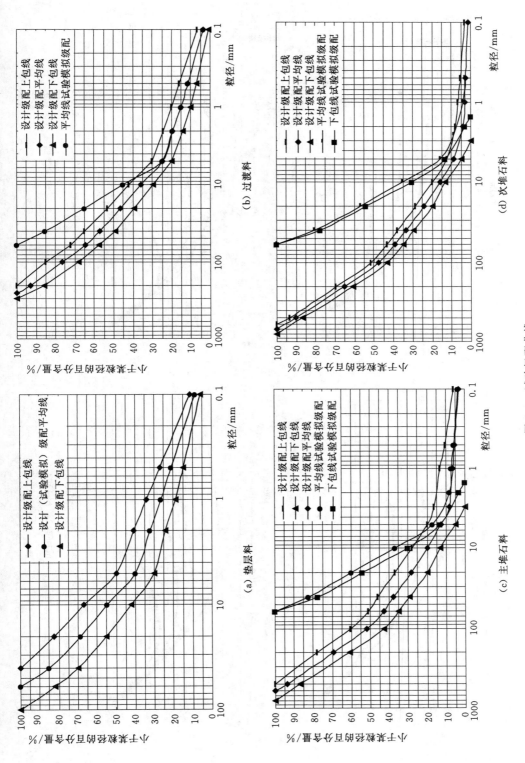

图 5.9　试验级配曲线

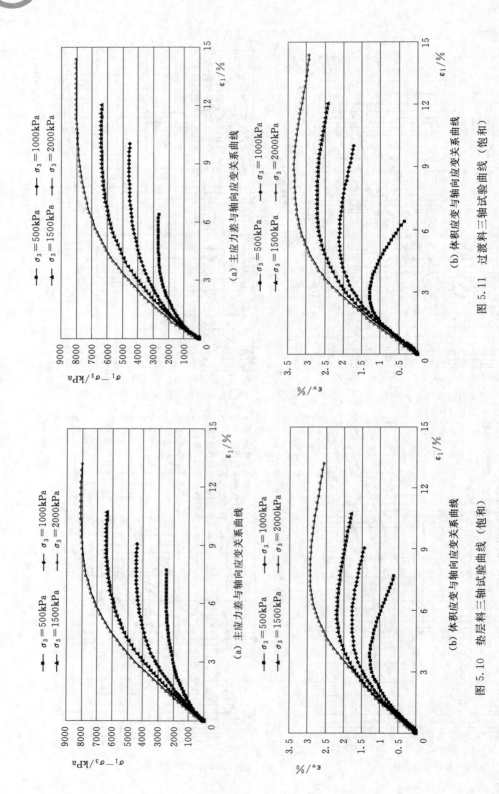

（a）主应力差与轴向应变关系曲线

σ₃＝500kPa　σ₃＝1000kPa
σ₃＝1500kPa　σ₃＝2000kPa

（b）体积应变与轴向应变关系曲线（饱和）

图 5.11　过渡料三轴试验曲线（饱和）

（a）主应力差与轴向应变关系曲线

σ₃＝500kPa　σ₃＝1000kPa
σ₃＝1500kPa　σ₃＝2000kPa

（b）体积应变与轴向应变试验曲线（饱和）

图 5.10　垫层料三轴试验曲线（饱和）

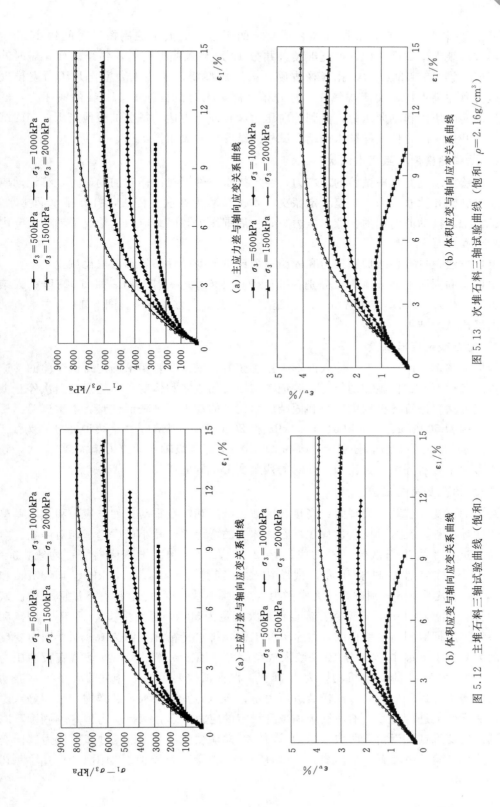

(a) 主应力差与轴向应变关系曲线

(b) 体积应变与轴向应变试验曲线（饱和，$\rho = 2.16 \text{g/cm}^3$）

图 5.13　次堆石料三轴试验曲线

(a) 主应力差与轴向应变关系曲线

(b) 体积应变与轴向应变试验曲线（饱和）

图 5.12　主堆石料三轴试验曲线

40Hz，电机功率为 1.2kW，根据试样制备要求的干密度的大小控制振动时间约 10min，再以同样方法填入第 2 层土样，如此继续，共分 10 层装入成型筒内，整平表面，需时约 50min，加上透水板和试样帽，扎紧橡皮膜，去掉成型筒，安装压力室，开压力室排气孔，向压力室注满水后，关闭排气孔。打开排水阀，先对试样施加 35kPa 的侧压力，然后逐级施加侧向压力和轴向压力，直到侧向压力和轴向压力达到每次试验预定压力和固结应力比。打开排水阀，使试样排水固结，试样固结完成后关闭排水阀。

5.2.3.1　动弹性模量和阻尼比试验

根据试验要求确定每次试验的动应力，在不排水条件下对试样施加动应力，测记动应力、动应变和动孔隙水压力，直至预定振次（本次试验为 3 次）停机，打开排水阀排水，以消散试样中因振动而引起的孔隙水压力。每一周围压力和固结应力比情况下动应力分为 6～10 级施加。

按上述方法，进行各级周围压力和固结应力比下的动弹性模量和阻尼比试验。

本次试验周围压力共分 4 级，分别为 500kPa、1000kPa、1500kPa 和 2000kPa；固结应力比 K_c 为 2.0；轴向动应力分 6～10 级施加，各级动应力 3 振次。图 5.14 为主堆石动模量与阻尼比试验结果。

5.2.3.2　动力残余变形试验

试验振动频率采用 0.1Hz，输入波形采用正弦波。根据试验要求确定每次试验的动应力，在排水条件下对试样施加动应力，测记动应力、动应变和体变，直至预定振次停止振动。按上述方法，进行各级周围压力和固结应力比下的动力残余变形试验。本次试验围压共 4 级，分别为 500kPa、1000kPa、1500kPa 和 2000kPa；固结应力比两种，分别为 1.5 和 2.5；轴向动应力共 2 级，分别为 $\pm 0.4\sigma_3$、$\pm 0.8\sigma_3$，各级轴向动应力施加 30 振次，频率为 0.1Hz。主堆石固结应力比为 1.5 时的残余变形试验曲线如图 5.15 所示。

5.2.4　筑坝料流变特性试验

堆石体的流变在宏观上表现为：高接触应力—破碎和颗粒重新排列—应力释放、调整和转移的循环过程，在这种反复过程中堆石体体变的增量逐渐减小最后趋于相对静止。黔中面板坝共进行了主堆石区料（平均线、$\rho = 2.18\text{g/cm}^3$）和次堆石区料（平均线、$\rho = 2.16\text{g/cm}^3$）流变特性的试验研究，试验围压分别为 500kPa、1000kPa、1500kPa 和 2000kPa，在每级围压下分别进行应力水平为 0、0.4、0.8 三种应力状态下试验研究。试样尺寸均为 $\phi 300 \times 700\text{mm}$，大型数控流变仪最大荷重为 500t，最大围压为 4MPa，围压和垂直力系统采用伺服阀高精度控制，可全天候工作，排水量精度控制为 0.1ml，轴向变形精度控制为 0.001mm。试样共分 10 层装入成型筒内，用振动器振实，振动器底板静压为 14kPa，振动频率为 40Hz，电机功率为 1.2kW，根据试样要求的干容重的大小控制振动时间，振动击实后拆除成型筒，试样装进压力室，将压力室充满水，试样饱和采用静水灌注使试样从下而上进行饱和，然后逐级加载到设定的应力状态，保持应力恒定，测读不同时间的试样的变形量，当相邻两次（24h）读数差/总流变量不大于 5% 时即可认为试样变形稳定，停止试验。主堆石（平均线、$\rho = 2.18\text{g/cm}^3$）流变试验曲线如图 5.16～图 5.19 所示。

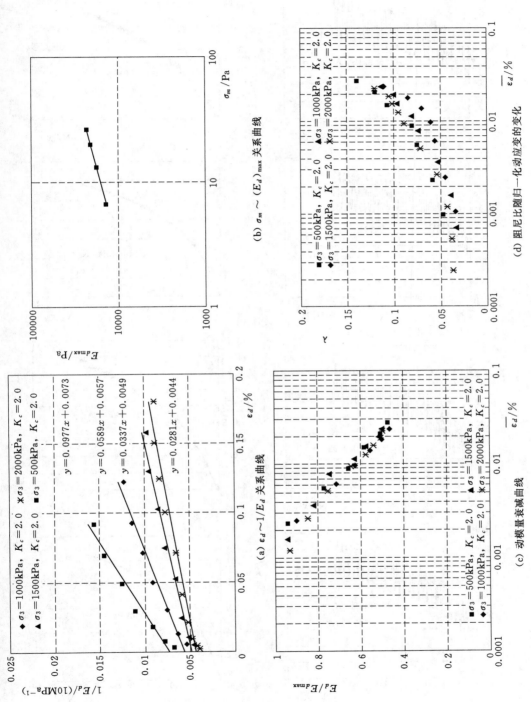

(b) $\sigma_m \sim (E_d)_{max}$ 关系曲线

(d) 阻尼比随归一化动应变的变化

(a) $\varepsilon_d \sim 1/E_d$ 关系曲线

(c) 动模量衰减曲线

图 5.14　主堆石料平均线动模量与阻尼比试验曲线（$K_c = 2.0$）

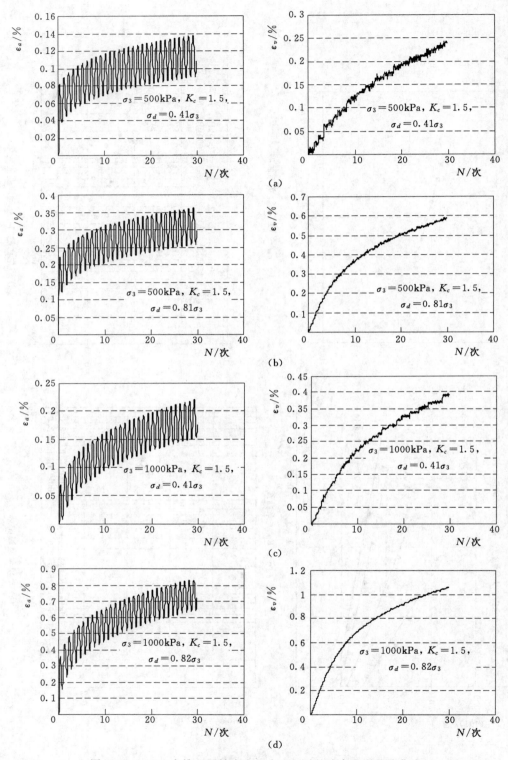

图 5.15（一）　主堆石固结应力比为 1.5 时的残余变形试验曲线

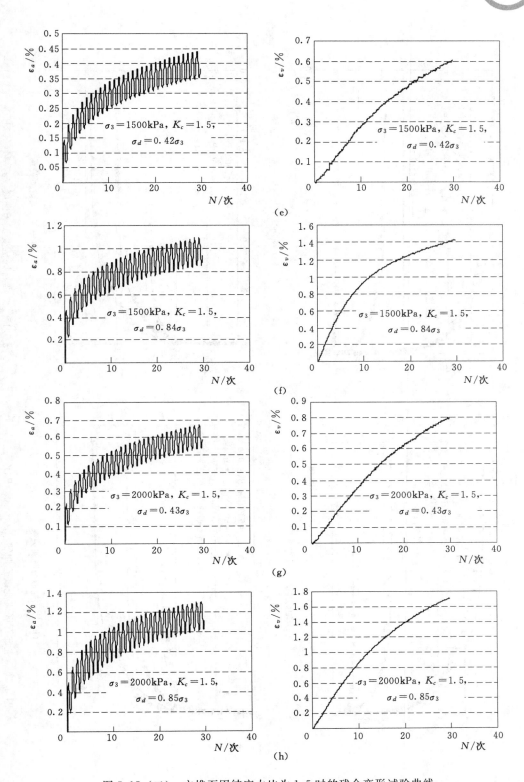

图 5.15（二） 主堆石固结应力比为 1.5 时的残余变形试验曲线

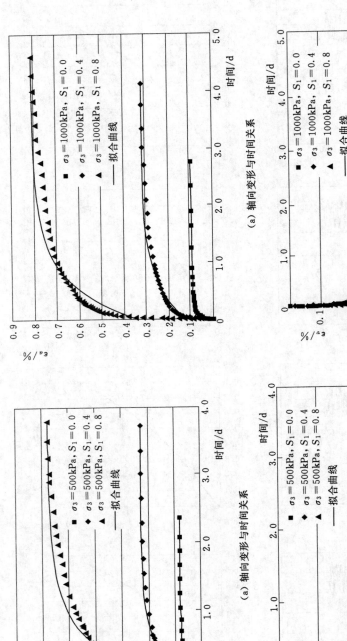

(a) 轴向变形与时间关系

(b) 体积变形与时间关系

图 5.17　主堆石区流变试验曲线（$\sigma_3 = 1000\text{kPa}$）

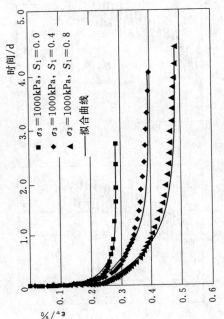

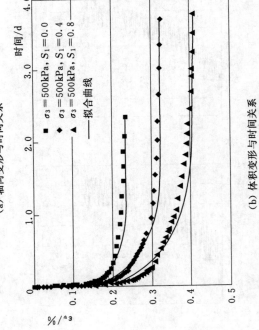

(a) 轴向变形与时间关系

(b) 体积变形与时间关系

图 5.16　主堆石区流变试验曲线（$\sigma_3 = 500\text{kPa}$）

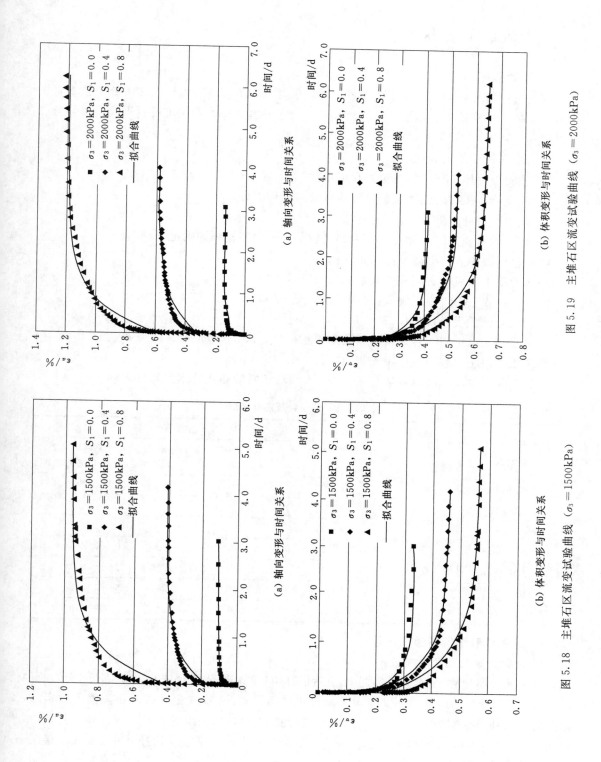

（a）轴向变形与时间关系

（b）体积流变试验曲线（$\sigma_3 = 2000\text{kPa}$）

图 5.19　主堆石区流变试验曲线（$\sigma_3 = 2000\text{kPa}$）

（a）轴向变形与时间关系

（b）体积流变试验曲线（$\sigma_3 = 1500\text{kPa}$）

图 5.18　主堆石区流变试验曲线（$\sigma_3 = 1500\text{kPa}$）

5.3　大坝施工技术研究

5.3.1　坝料碾压特性

混凝土面板堆石坝的填筑主体是堆石料，因此坝料的碾压特性以及相关施工技术直接影响了坝体的变形特征。本节结合碾压试验探讨了平寨水库大坝主堆石料以及垫层料与过渡料的碾压特性。

（1）碾压试验的目的如下：

1）核实设计填筑标准的合理性和可行性。

2）测试碾压机械的性能及确定碾压机具的最佳组合。

3）确定经济合理的施工压实参数。

4）研究填筑施工工艺和措施，为制定填筑施工的实施细则确定依据。

（2）碾压试验的依据以及标准如下：

1）《混凝土面板堆石坝施工规范》（DL/T 5128—2009）。

2）《碾压式土石坝施工规范》（DL/T 5129—2001）。

3）《土工试验规程》（SL 237—1999）。

4）《水利水电工程天然建筑材料勘察规程》（SL 251—2000）。

5）《水电水利工程粗粒土试验规程》（DL/T 5356—2006）。

大坝填筑料的设计技术参数见表5.4，大坝填筑料的碾压技术参数见表5.5。

表 5.4　　　　　　　　　　　　大坝填筑料的设计技术参数表

项　　目 母岩类别	垫层区 料场弱风化以下灰岩	过渡区 料场弱风化以下灰岩	主堆石区 料场弱风化以下灰岩	主堆石排水区 料场弱风化以下灰岩	次堆石区 料场弱风化以下灰岩
填筑工程量/m³	9.71	15.82	291.96	18.2	154.9
最大粒径/mm	80	300	800	1000	800
$D<5mm/\%$	35～55	20～30	5～20		
$D<0.075mm/\%$	0.8	0～5	0～5	0～10	0～5
设计干容重/(g/cm³)	2.24	2.21	2.16	2.08	2.11
孔隙率/%	17	18	20	23	22
渗透系数/(cm/s)	10^{-4}～10^{-3}	10^{-3}～10^{-2}	$>10^{-2}$	$>10^{-1}$	$>10^{-2}$

5.3.1.1　主堆石填筑料碾压试验

1. 试验场地的选择与布置

碾压试验场地在Ⅱ号料场经过开挖后的1306.2m高程平台进行，场地长76m，宽72.5m，对开挖后的局部凹面实施人工配合机械整平，20t拖式振动碾碾压，整平后实测的最大坑凹补填厚度为35～50cm。干密度共检测11组，除一组为2.18g/cm³外，其余均在2.20～2.31g/cm³，平均为2.24g/cm³（表5.6）。表面不平整度均控制在±3cm，碾压试验场地满足碾压试验要求。

表 5.5 大坝填筑料碾压技术参数表

材料分区	上料方式	铺料厚度/mm	压实厚度/mm	加水量	推荐碾压设备（初定）	碾压遍数（初定）
粉土铺盖及盖重	进占法	≤350	≤300	无	10t 静碾	4
垫层区	后退法	≤450	≤400	0%～10%	20t 自行式振动碾	8
特殊垫层区	后退法	≤220	≤200	0%～10%	小型振动碾	8
过渡区	后退法	≤450	≤400	10%～20%	25t 自行式振动碾	8
主堆石区	进占法	≤900	≤800	10%～20%	25t 自行式振动碾	8
主堆石特别碾压区	进占法	≤900	≤800	10%～20%	25t 自行式振动碾	8
下游堆石区	进占法	≤900	≤800	10%～20%	25t 自行式振动碾	8
主堆石排水区	进占法	≤1100	≤1000	10%～20%	25t 自行式振动碾	6

表 5.6 碾压试验场地密实度统计表

试坑编号	湿密度/(g/cm³)	含水量/%	干密度/(g/cm³)
1	2.28	2.03	2.23
2	2.23	1.23	2.2
3	2.22	1.83	2.18
4	2.31	1.91	2.27
5	2.31	1.89	2.26
6	2.29	1.79	2.25
7	2.27	1.86	2.23
8	2.32	1.98	2.28
9	2.25	1.79	2.21
10	2.28	1.68	2.24
11	2.36	1.97	2.31
平均值	2.28	1.81	2.24

2. 碾压试验机具

20t 自卸汽车运输，试验填筑料用卡特 336D 挖掘机装车，整平用 HP320 推土机推平，厚度控制由人工现场标杆量测及全站仪复测，另外在第二层试验时增加智能过程控制系统 CCS900 进行控制，碾压用湖南长沙三一重工股份有限公司生产的 SSR260 自行振动平碾碾压，振动碾自重 26.7t，最大击振力 416kN。技术参数详见表 5.7。

表 5.7 湖南长沙三一重工股份有限公司生产的 SSR260 参数表

工作质量/kg	26700	名义振幅/mm	2.05/1.03
振动轮分配质量/kg	17100	激振力/kN	416/275
驱动桥分配质量/kg	9600	振轮直径/mm	1700
振动轮静线荷载/(N/cm)	788	振动轮宽度/mm	2170
振动频率/Hz	27/31	振动轮轮圈厚度/mm	42

3. 碾压试验用料及过程

(1) 试验用料及进行时间。

1) 碾压试验于 2011 年 9 月 28 日下午开始至 2011 年 10 月 31 日下午结束，共进行两次，第一次碾压试验用第一次爆破试验料，第二次碾压试验用第四次爆破试验料进行。第一次爆破试验用料在接到用该料进行试验的通知之前因后续工作的需要（需进行第二次爆破试验和保证碾压试验场地）已将大部分运出，所以碾压试验用料最大粒径较少，第二次碾压试验用料为第四次的爆破试验料，全断面采挖。所有试验用料在装运铺筑过程中均达到了均匀装车和铺填。

2) 两次用料在碾压试验前均对爆破料进行了颗粒筛分分析，从筛分结果反映出颗粒级配连续且基本均匀，不均匀系数分别为 9.0 和 8.0（图 5.20 和图 5.21）。

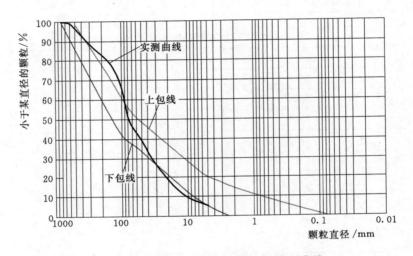

图 5.20 第一次爆破试验颗粒级配实测曲线

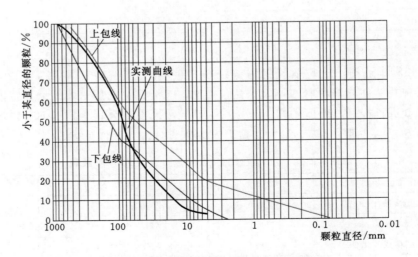

图 5.21 第四次爆破试验颗粒级配实测曲线

（2）试验过程。

1）铺料。铺料厚度控制在 80cm，由 20t 自卸汽车运至场地后进占法铺筑，HP320 推土机整平，由专人在推土机前用标杆控制量测，控制铺料厚度，全站仪复核，复核后的厚度误差均小于±5cm。

2）分区及洒水。在铺料平整及厚度复核合格后进行一遍静压（即不振动碾压）再进行分区，用白灰线标识。洒水区与不洒水区有效碾压面积分别为 56m×17m，测试范围为 48m×14m。洒水区用 10m³ 洒水车按体积 10％加水量进行洒水，共洒水 7 车。

3）碾压及沉降观测布设。碾压采用错距法、低频高振幅振动碾压，错距宽度前 10 遍为 10～30cm，11～12 遍为 30cm，行车速度实测为 2036m/h，第二层碾压 11～12 遍时根据监理要求分部位以 2km/h 与 1.2km/h 两种碾压时速碾压。

未振动碾压之前在碾压区域内按 9m×6m 埋设了 10 块压缩沉降观测钢板，碾压前和每碾压两遍用全站仪进行一次压缩沉降量观测。观测钢板布设距碾压边缘均不小于 5m。

4）检测试验。检测试验主要进行湿密度、含水量、颗粒分析（含碾压前后粒径变化）、比重、原位渗透、岩石抗压强度等测试，各测试点距有效碾压边沿均不小于 3m。湿密度用灌水法测试，在碾压 6 遍、8 遍、10 遍、12 遍（第二层）的压碾层间进行人工挖坑，在挖坑的同时对所挖料进行筛分并称量，坑径以不小于坑内最大块石直径的两倍为原则。一般坑径为 1.2～1.5m，12 遍后坑径为 1.6m，坑深直至下层的表面外露为止。挖坑前首先在所挖部位的表面固定 2m 直径的钢套环，铺塑料薄膜并在其内灌水称量直至水与套环上沿平齐；然后将水倒出套环外，取掉塑料薄膜进行挖坑。试坑完成后将塑料薄膜铺入坑中并保证薄膜完全处于松弛状态，称量灌水直至与套环上沿平齐，减掉挖坑前套环内的水量，即求得试坑体积，据此计算出填筑料的湿密度。

含水量由每个挖坑中取出混合料烘干法测试。比重测试由已铺料中随机捡取约重 20kg 的小块石，然后按颜色深浅分为 3 组进行了测试。根据上述测试结果计算各坑干密度和孔隙率。另外，在碾压试验前，对爆破料随机捡取了 6 个抗压强度试件，进行了气干状态抗压强度和饱和抗压强度试验。

4. 试验结果及分析

（1）材料比重。碾压灰岩料 3 组比重测试样品按色泽分为较深色一组，比重为 2.71g/cm³，较浅色分为两组，其比重均为 2.69g/cm³。孔隙率计算统一按 3 组平均值 2.70 计算。

（2）密实度。密实度测试结果详见表 5.8 和表 5.9。第一层碾压试验压实 6 遍后测试 8 组，平均干密度为 2.09g/cm³，孔隙率为 22.59％；压实 8 遍后测试 12 组，平均干密度为 2.155g/cm³，孔隙率为 20.19％；碾压 10 遍，干密度测试 3 组，平均值为 2.18g/cm³，孔隙率为 19.3％。

第二层压实 6 遍后取样 6 组，平均干密度为 2.142g/cm³，孔隙率为 20.67％；压实 8 遍取样 10 组，平均干密度为 2.164g/cm³，孔隙率为 19.85％；压实 10 遍后取样 4 组，平均干密度为 2.175g/cm³，孔隙率为 19.44％；压实 12 遍取样 8 组，平均干密度为 2.179g/cm³，孔隙率为 19.3％。

表 5.8
第一层碾压试验密度及孔隙率统计表

碾压遍数		编号	湿密度/(g/cm³)	含水率/%	干密度/(g/cm³)	孔隙率/%	比重
6 遍	未洒水区	6-1	2.16	2.43	2.11	21.85	2.70
		6-2	2.12	1.7	2.08	22.96	2.70
		6-3	2.28	3.1	2.21	18.15	2.70
		6-4	2.13	2.9	2.07	23.33	2.70
	洒水区	6-1-1	2.02	2.93	1.96	27.41	2.70
		6-1-2	2.11	3.16	2.04	24.44	2.70
		6-1-3	2.2	3.5	2.12	21.48	2.70
		6-1-4	2.15	2.85	2.09	22.59	2.70
	平均值		2.15	2.82	2.09	22.78	2.70
8 遍	未洒水区	8-1	2.18	2.01	2.14	20.74	2.70
		8-2	2.21	2.1	2.16	20	2.70
		8-3	2.32	2.96	2.26	16.3	2.70
		8-4	2.2	2.23	2.15	20.37	2.70
		8-5	2.18	1.94	2.14	20.74	2.70
	洒水区	8-1-1	2.24	3.34	2.17	19.63	2.70
		8-1-2	2.08	3.3	2.02	25.19	2.70
		8-1-3	2.28	3.46	2.2	18.52	2.70
		8-1-4	2.25	3.5	2.17	19.63	2.70
		8-1-5	2.23	3.32	2.16	20	2.70
		8-1-6	2.21	2.85	2.15	20.37	2.70
		8-1-7	2.22	3.74	2.14	20.74	2.70
	平均值		2.21	2.90	2.16	20.19	2.70
10 遍	未洒水区	10-1	2.24	3.23	2.17	19.63	2.70
		10-2	2.25	3.25	2.18	19.26	2.70
	洒水区	10-1-1	2.28	3.52	2.2	18.52	2.70
	平均值		2.26	3.33	2.18	19.14	2.70

从施工控制最小干密度考虑：明显偏小的干密度取样部位必然要进行补压，如碾压八遍后第一次的编号 8-1-2，干密度为 2.02t/m³，第二次的编号 Ⅱ-8-1-4，干密度为 2.09t/m³，补压后的干密度及孔隙率必然有所提高，所以如舍弃补压前的 2.02t/m³、2.09t/m³，则两次碾压 8 遍的干密度平均值分别为 2.167t/m³、2.172t/m³，孔隙率分别为 19.74%、19.56%。

从压实结果看，干密度随碾压遍数的增加而规律性增加，孔隙率相应随之减小，同时，随着碾压遍数的继续增加至 8 遍后，干密度增加与孔隙率减小的速度明显趋于缓慢。干密度、孔隙率与碾压遍数关系曲线详如图 5.22 和图 5.23 所示。

表 5.9 第二次碾压试验密度及孔隙率统计表

碾压遍数		编号	湿密度/(g/cm³)	含水率/%	干密度/(g/cm³)	孔隙率/%	比重	备注
6遍	未洒水区	Ⅱ-6-1	2.21	3.70	2.13	21.11	2.70	
		Ⅱ-6-2	2.15	2.00	2.11	21.85	2.70	
		Ⅱ-6-3	2.23	3.40	2.16	20.00	2.70	
		Ⅱ-6-4	2.26	2.40	2.21	18.15	2.70	
	洒水区	Ⅱ-6-1-1	2.19	3.48	2.11	21.85	2.70	
		Ⅱ-6-1-2	2.22	3.90	2.13	21.11	2.70	
	平均值		2.21	3.15	2.14	20.68	2.70	
8遍	未洒水区	Ⅱ-8-1	2.23	3.30	2.16	20.00	2.70	
		Ⅱ-8-2	2.27	3.40	2.19	18.89	2.70	
		Ⅱ-8-3	2.20	3.90	2.12	21.48	2.70	
		Ⅱ-8-4	2.20	3.88	2.14	20.74	2.70	
		Ⅱ-8-5	2.29	3.00	2.21	18.15	2.70	
	洒水区	Ⅱ-8-1-1	2.25	3.60	2.17	19.63	2.70	
		Ⅱ-8-1-2	2.32	3.30	2.24	17.04	2.70	
		Ⅱ-8-1-3	2.24	3.20	2.17	19.63	2.70	
		Ⅱ-8-1-4	2.14	2.10	2.09	22.59	2.70	
		Ⅱ-8-1-5	2.42	3.34	2.15	20.37	2.70	
	平均值		2.26	3.30	2.16	19.85	2.70	
10遍	未洒水区	Ⅱ-10-1	2.29	3.49	2.21	18.15	2.70	
		Ⅱ-10-2	2.19	2.58	2.14	20.74	2.70	
	洒水区	Ⅱ-10-1-1	2.23	3.67	2.15	20.37	2.70	
		Ⅱ-10-1-2	2.29	3.68	2.20	18.52	2.70	
	平均值		2.25	3.36	2.18	19.44	2.70	
12遍	未洒水区	Ⅱ-12-1	2.23	2.93	2.16	20.00	2.70	速度2km/h
		Ⅱ-12-2	2.25	2.79	2.19	18.89	2.70	
		Ⅱ-12-3	2.24	2.81	2.18	19.26	2.70	速度1.2km/h
		Ⅱ-12-4	2.21	2.33	2.16	20.00	2.70	
	洒水区	Ⅱ-12-1-1	2.29	3.71	2.20	18.52	2.70	速度1.2km/h
		Ⅱ-12-1-2	2.25	3.28	2.18	19.26	2.70	
		Ⅱ-12-1-3	2.24	3.27	2.17	19.63	2.70	速度2km/h
		Ⅱ-12-1-4	2.27	3.73	2.19	18.89	2.70	
	平均值		2.25	3.11	2.18	19.31	2.70	

从曲线图中看两次碾压试验差别较明显，第一次碾压试验的前6遍压实效果明显差于第二次碾压试验的压实效果，但随着碾压遍数的增加，最终却优于第二次压实效果。其主

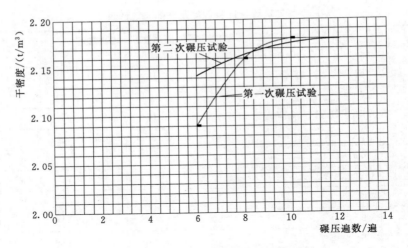

图 5.22　干密度与碾压遍数关系曲线

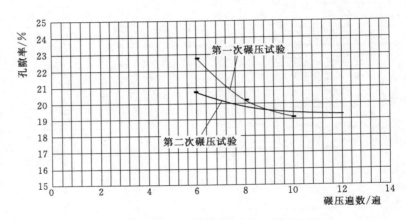

图 5.23　孔隙率与碾压遍数关系曲线

要原因为第一次碾压料大颗粒含量偏少，中间颗粒及小颗粒较第二次偏多，在受到外力作用后，压力传递过程因摩擦力增大及扩散而衰减，而偏大颗粒外力的传递直接且摩擦力小，所以压实密度提高较快，又因大颗粒沉降空间所限，使最终的孔隙率无法进一步缩小，故其最终孔隙率偏大。

（3）压缩沉降量。主堆石碾压试验的碾压沉降量结果详见表 5.10 和表 5.11。

从碾压沉降结果看存在以下基本规律：

1）前两遍碾压后各测点沉降值波动较大，且沉降量也较大，4 遍、6 遍、8 遍后波动较小，除个别点外，总体保持在 10～15mm，其原因主要是在运料、铺料过程中，运输车辆及平料机械在局部部位的运行较多，局部部位运行较少所致，同时也与各处所铺料的粒径变化和级配组合有关。经过前两遍压实后，因车辆碾压带来的差别趋于消除，总体密实状态趋于均匀，故其后碾压沉降差别缩小。

2）各测点的累计沉降量：第一次碾压试验累计沉降值 40mm 左右，第二次碾压试验累计沉降值 50mm 左右，其原因主要为两次碾压试验料的总体差别所致。

表 5.10　　　　　　　　　　　第一次碾压试验沉降量观测结果

点号	碾压之前的高程/m	2 遍的变化值/mm	4 遍的变化值/mm	6 遍的变化值/mm	8 遍的变化值/mm	10 遍的变化值/mm	累计压缩量/mm
1	1307.142	12	1	10	12		35
2	1307.000	15	1	9	8	2	35
3	1307.013	10	14	3	3	9	39
4	1306.985	19	7	11	11		48
5	1307.088	12	11	8	11	1	43
6	1307.129	8	7	12	5	6	38
7	1307.030	3	5	10	11		29
8	1307.065	9	13		13	3	47
9	1307.065	29	19	5	20	5	78
10	1307.127	21	18	6	14		59
平均值/mm		13.8	9.6	8.3	10.8	4.3	45.1

表 5.11　　　　　　　　　　　碾压试验沉降量观测结果

点号	碾压之前的高程/m	第 2 遍的变化值/mm	第 4 遍的变化值/mm	第 6 遍的变化值/mm	第 8 遍的变化值/mm	第 10 遍的变化值/mm	第 12 遍的变化值/mm	累计压缩量/mm
1	1307.787	11	3	11	1	1	2	29
2	1307.831	12	15	1	15	2	1	46
3	1307.769	13	12	9	0	3	2	39
4	1307.702	12	10	2	24	2	3	53
5	1307.680	20	5	15	8	2	2	52
6	1307.756	23	12	5	14		1	57
7	1307.742	21	11	13	14	3		63
8	1307.643	10	4	15	14		2	47
9	1307.694	9	5	14	14	2	3	47
10	1307.683	9	4	8	17	4		43
平均值/mm		14	8.1	9.3	12.1	2.3	1.8	47.6

3）第 10 遍后两次的沉降值均明显变小，第 12 遍后则更小，其沉降量与碾压遍数关系曲线也趋于平缓（图 5.24 和图 5.25）。而第一次较第二次其差值又较大，对应干密度，第 10 遍比第 8 遍也明显增长缓慢，而第一次碾压 10 遍比碾压 8 遍差别较大，第二次碾压 10 遍比碾压 8 遍也差别较大，说明沉降量变化与干密度变化规律吻合，同时也说明碾压 8 遍后的碾压效果提高较轻微。

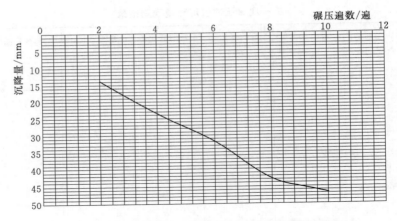

图 5.24　第一次碾压试验沉降量与碾压遍数关系曲线

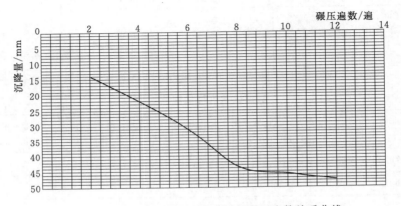

图 5.25　第二次碾压试验沉降量与碾压遍数关系曲线

（4）洒水与不洒水的比较。在碾压前虽然划分了洒水区与不洒水区，并在洒水区实施了 10％的洒水，但两次在铺完料或碾压过程中均下了小到中雨，从取样结果的含水量也明显可以看出。根据以往经验，洒水与不洒水的压实效果差别甚微，所以因下雨而影响本次试验洒水与不洒水的区别无法区分与确定。

由于主堆石为强透水材料，特别在虚铺料情况下洒水随洒随排，多洒多排，加之洒水、碾压、取样测试用时较长，故无法进行不同加水量的比较及最优含水量的选择。为了减少颗粒之间在碾压过程中相互运动的摩擦力，保持全料颗粒的充分湿润即可，根据规范要求及以往经验，10％加水量能够满足此条件，为此建议施工时按此加水量控制即可。

（5）颗粒级配分析。

1）在第一次碾压试验的铺料完成并静碾一遍后，对碾压前的已铺料进行了 4 个挖坑筛分，然后对坑内铺设塑料薄膜，再将筛分后的各级料进行充分拌和后填入坑中。

碾压 8 遍后对 1 号、2 号坑进行了筛分，碾压 10 遍后对 3 号、4 号坑进行了筛分（图 5.26～图 5.29），各试坑筛分后 P_5 分别增加 0.69％、0.01％、1.18％、0.00％，平均增加 0.47％，其余各级粒径变化甚微，说明碾压对各级粒径的破碎基本无影响。

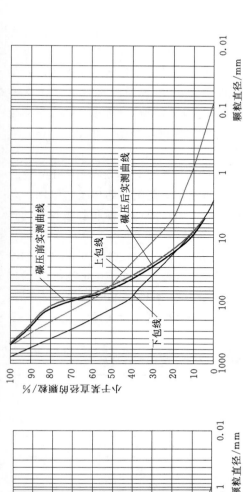

图 5.26　碾压试验前后 1 号坑颗粒级配分析实测曲线

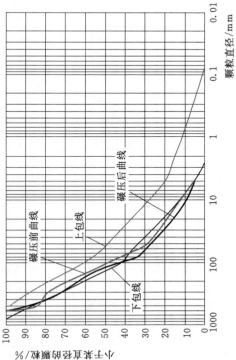

图 5.27　碾压试验前后 2 号坑颗粒级配分析实测曲线

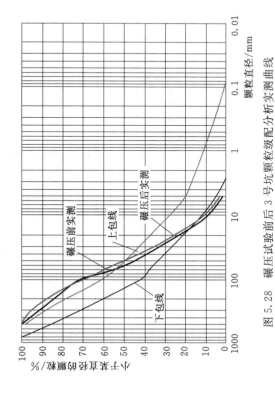

图 5.28　碾压试验前后 3 号坑颗粒级配分析实测曲线

图 5.29　碾压试验前后 4 号坑颗粒级配分析实测曲线

2）第一次碾压试验共对 15 个坑进行了颗粒筛分，第二次碾压试验对 9 个坑进行筛分。第一次碾压试验 P_5 含量平均为 4.3%，此值明显低于所测料砂子的实际含量，因为下雨及洒水，现场观测到湿料中的砂子难以筛净，按爆破料中干料筛分结果的规律，砂子含量均略大于 5～10mm 颗粒的含量 0.5%，按实测的 5～10mm 颗粒含量及砂子比例推算，第一次的 P_5 含量可达 6.0%，第二次碾压试验 P_5 实测平均为 5.61%，按筛分结果推算可达 6.04%。相应的 5～10mm 颗粒实际含量则略低于数据反映值，即 5～10mm 实测结果中含有约 0.5% 的砂子。

总体两次试验的颗粒级配筛分后，砂子含量基本满足设计要求，但 20～100mm 含量略大于设计包络曲线中该粒径范围的比例值，致使实测曲线部分范围略超出了包络图。各试坑实测颗粒级配连续，说明试验过程的装运、铺料保证了原料的均匀性和各级颗粒的连续性。

（6）不同碾压速度的比较结果。在以速度 2km/h 完成第一次、第二次 10 遍之前的碾压试验后，根据监理指示，对第二次已碾压过 10 遍的压实料按 1.2km/h 和 2km/h 的速度分别在原洒水区与不洒水区进行了第 11 遍、第 12 遍碾压。两种时速碾压完 12 遍后，在洒水区与不洒水区的两种时速碾压部位分别各取两组，进行检测，干密度、孔隙率（表5.12）。

表 5.12　碾压 12 遍后按 1.2km/h 和 2km/h 的速度碾压干密度、孔隙率统计表

速度及区间		2km/h		1.2km/h	
		洒水区	未洒水区	洒水区	未洒水区
1	干密度/(g/cm³)	2.17	2.16	2.20	2.18
	空隙率/%	19.63	20.0	18.52	19.26
2	干密度/(g/cm³)	2.19	2.19	2.18	2.16
	空隙率/%	18.89	18.89	19.26	20.0
平均	干密度/(g/cm³)	2.18	2.175	2.19	2.17
	空隙率/%	19.26	19.44	18.89	19.63

从测试结果反映出以 1.2km/h 的速度碾压在洒水区比 2km/h 的速度压实结果大 0.01g/cm³，而在未洒水区却小了 0.005g/cm³。究其原因主要有以下几方面因素：

1）影响压实效果的因素是多方面的，如：P_5 颗粒含量变化，颗粒级配分布的均匀性及颗粒各级含量的变化等。

2）前 10 遍压实后的既定效果。

3）取样组数因时间关系及总体空间关系明显太小，难以反映出规律性结果。

（7）原位渗透试验。第一次碾压试验 8 遍碾过后对碾压体进行了 3 个部位原位渗透试验，3 个点的渗透系数分别为：2.49×10^{-1} cm/s、1.27×10^{-1} cm/s、1.32×10^{-1} cm/s，平均为 1.69×10^{-1} cm/s。第二次碾压试验因时间关系碾完 12 遍后进行渗透试验，在洒水区与未洒水区各测 1 个点，渗透系数分别为 3.23×10^{-1} cm/s、1.88×10^{-1} cm/s，平均为 2.56×10^{-1} cm/s。试验结果说明，碾压后填筑料渗透系数符合设计要求。

碾压试验前随机取样 6 块代表性块石进行了风干状态及饱和状态的抗压强度测试，风干状

态抗压强度在 70.6~79.6MPa，平均为 74.48MPa；饱和状态抗压强度在 66.4~72.7MPa，平均为 69.98MPa；计算软化系数为 0.94，说明碾压试验料颗粒坚硬完全满足填坝要求。

5.3.1.2　垫层料、过渡料碾压试验

1.试验场地的选择与布置

碾压试验场地在Ⅱ号料场主堆石碾压试验基础之上进行。场地长 60m，宽 45m，对局部不平整面实施人工整平，26t 自行式振动碾在原 12 遍碾压基础上再进行两遍强振动碾压。碾压试验场地及分区布置如图 5.30 所示。

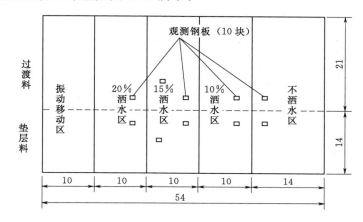

图 5.30　碾压试验场地及分区示意图

2.碾压试验机具

垫层料、过渡料的试验用料用卡特 336D 挖掘机装车，20t 自卸汽车运输，用 HP320 推土机整平，用徐工机械厂生产的 XS202J 自行式振动平碾碾压（振动碾自重 20t，最大击振力 353kN，技术参数详见表 5.13），厚度控制由人工现场用标杆量测及全站仪复测。

3.碾压试验过程

（1）试验用料及进行时间。

1）碾压试验于 2011 年 11 月 20 日开始至 2011 年 11 月 30 日结束。垫层料由砂石料生产厂破碎并掺配，过渡料采用爆破生产，两种料料源均由Ⅱ号料场开采。所有试验用料在装运铺筑过程中均达到了均匀装车和铺填。

表 5.13　　　　　　　　　徐工重型机械厂 XS202J 自行振动碾技术参数

技术参数	XS202J	技术参数	XS202J
工作重量/kg	20000	Ⅰ挡速度/(km/h)	2.63
前轮分配/kg	10000	Ⅱ挡速度/(km/h)	5.3
后轮分配/kg	10000	Ⅲ挡速度/(km/h)	8.6
静线荷载/(N/cm)	470	理论爬坡能力/%	30
名义振幅/mm	1.9/0.95	最小转弯外半径/mm	6500
振动频率/Hz	28/33		

2）垫层料、过渡料在碾压试验前均进行了颗粒筛分分析，从筛分结果反映出，垫层料颗粒级配全部进入包络图要求之范围，过渡料除5mm以下颗粒稍偏出包络线下限外，其余粒经所占比例均满足包络图要求，颗粒级配连续且均匀（图5.31和图5.32），垫层料不均匀系数为80，过渡料不均匀系数为37。

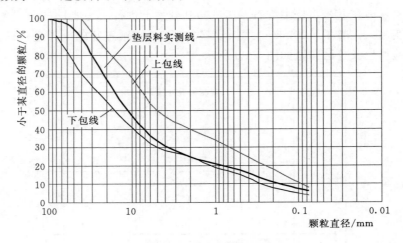

图 5.31　垫层料颗粒级配

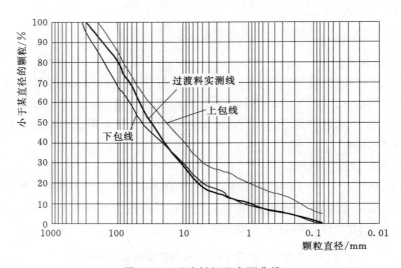

图 5.32　过渡料级配实测曲线

（2）试验过程。

1）铺料。垫层料与过渡料在同一平面铺筑，垫层料铺设面积为54m×14m，过渡料铺设面积为54m×21m。

铺料厚度控制在40cm，由20t自卸汽车运至场地后退法铺筑，HP320推土机整平，由专人在推土机侧边用标杆控制铺料厚度，全站仪复核，复核后的厚度误差均小于±3cm。

2）分区及洒水。在铺料平整及厚度复核合格后进行一遍静压（即不振动碾压）再进行分区，用白灰线标识。垫层料、过渡料分别为：不洒水区、10％洒水区、15％洒水区、

20％洒水区。垫层料每区实压面积为 10m×13m，过渡料每区实压面积为 10m×20m。分区完成后用洒水车按体积比例分别进行 10％、15％、20％洒水。加水过程从开始加水到开始碾压共历时 9h。

3）碾压及沉降观测布设。碾压采用错距法，低频高振幅（强振）振动碾压，错距宽度为 10～30cm，行车速度实测为 1800m/h。

未振动碾压之前在垫层料与过渡料区域内按 10m×5m 各埋设了 5 块压缩沉降观测钢板，碾压前和每碾压两遍用全站仪进行一次压缩沉降量观测。观测钢板布设距碾压边沿均不小于 5m。

4）检测试验。检测试验主要进行湿密度、含水量、颗粒分析、原位渗透等项测试。各测试点距碾压边沿均不小于 3m。湿密度用灌水法测试，在碾压 6 遍、8 遍、10 遍的压碾层间进行人工挖坑，在挖坑的同时对所挖料进行筛分并称量，垫层料坑径按规范要求不小于 50cm，过渡料坑径不小于 80cm，坑深直至下层的表面外露为止。挖坑前首先在所挖部位的表面固定 1m 直径的钢套环，铺塑料薄膜并在其内灌水称量直至水与套环上沿平齐。然后将水倒出套环外，取掉塑料薄膜进行挖坑。试坑完成后将塑料薄膜铺入坑中并保证薄膜完全处于松弛状态，称量灌水直至与套环上沿平齐，减掉挖坑前套环内的水量，即求得试坑体积。据此计算出填筑料的湿密度。含水量由每个挖坑中取出混合料烘干法测试。比重按主堆石取样实测结果 2.70g/cm 计算。

根据上述测试结果计算各坑干密度和孔隙率。

4. 试验结果及分析

（1）密实度及碾压遍数。

1）垫层料。未洒水区碾压 6 遍后测试 3 组，平均干密度为 2.195g/cm³，孔隙率为 18.7％；碾压 8 遍测试 4 组，平均干密度为 2.230g/cm³，孔隙率为 17.41％；碾压 10 遍测试 3 组，平均干密度为 2.241g/cm³，孔隙率为 17.0％。

洒水区碾压 6 遍后测试 9 组，干密度为 2.135～2.243g/cm³，平均值为 2.204g/cm³，孔隙率为 20.93％～16.93％，平均值 18.37％，碾压 8 遍后测试 12 组，干密度为 2.235～2.313g/cm³，平均值为 2.269g/cm³，孔隙率为 19.63％～13.11％，平均值为 15.96％。试验结果详见图 5.33、图 5.34 和表 5.14。

垫层料碾压 6 遍后，洒水区 9 组测试结果达到设计标准仅有 1 组，合格率为 11.1％；碾压 8 遍后，洒水区 12 组测试结果达到设计标准有 11 组，合格率为 91.7％，不合格的一组其值为 2.235g/cm³，达到设计值的 99.8％，说明加工掺配的垫层料碾压 8 遍后其结果基本能满足设计标准；但对不合格部位仍需补压。碾压 10 遍后，洒水区测试 9 组，合格 8 组，不合格的一组其值为 2.203g/cm³，达到设计值的 98.5％，但对不合格部位仍需补压。

2）过渡料。过渡料未洒水区碾压 6 遍后测试 3 组，平均干密度为 2.017g/cm³，孔隙率为 25.3％；碾压 8 遍后测试 4 组，平均干密度为 2.213g/cm³，孔隙率为 18.03％；碾压 10 遍后，干密度为 2.250g/cm³，孔隙率为 16.67％。

过渡料洒水区碾压 6 遍后测试 9 组，干密度为 1.937～2.208g/cm³，平均值为 2.117g/cm³；孔隙率为 28.26％～18.22％，平均值 21.59％。碾压 8 遍后测试 12 组，干密度为 2.183～2.309g/cm³，平均值为 2.232g/cm³；孔隙率为 19.41％～14.48％，平

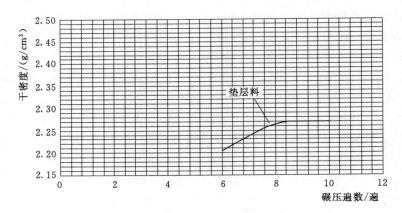

图 5.33　垫层料干密度与碾压遍数关系曲线图

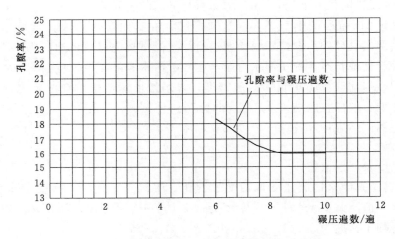

图 5.34　垫层料孔隙率与碾压遍数关系曲线图

均值为 17.3%。碾压 10 遍后测试 9 组，干密度为 2.189～2.285g/cm³，平均值为 2.238g/cm³；孔隙率为 18.93%～15.37%，平均值为 17.14%。

过渡料碾压 6 遍后无一组达到设计标准，碾压 8 遍后洒水区 10 组达到设计标准，合格率为 83.3%，其余不合格 2 组干密度分别为 2.183g/cm³（孔隙率 19.15%）和 2.195g/cm³（孔隙率 18.67%），达到设计值的 98.78% 和 99.32%；碾压 10 遍后 8 组达到设计标准，不合格一组，干密度为 2.205g/cm³，孔隙率为 18.33%，达到设计值的 99.77%，施工中对不合格部位还需补压。试验结果详见表 5.15 及图 5.35 和图 5.36。

通过以上测试结果反映出以下几点：①垫层料与过渡料干密度随碾压遍数的增加而有规律性地增加，孔隙率相应随之减小。同时，随着碾压遍数的继续增加至 8 遍后，干密度的增加与孔隙率减小明显趋于缓慢。②垫层料、过渡料碾压 8 遍后绝大部位能够达到设计标准，个别不合格点仍需补压。存在不合格问题的原因主要为填筑料在卸料后 3～4 个堆体的交汇处较大颗粒较集中、砂子含量偏少造成。

（2）密实度与加水量。垫层料与过渡料不同加水量的压实结果见表 5.16 及图 5.37 和图 5.38。

表 5.14 垫层料碾压试验密实度统计表

加水区 (0%)					加水区 (10%)					加水区 (15%)					加水区 (20%)				
编号	湿密度/(g/cm³)	干密度/(g/cm³)	含水率/%	孔隙率/%	编号	湿密度/(g/cm³)	干密度/(g/cm³)	含水率/%	孔隙率/%	编号	湿密度/(g/cm³)	干密度/(g/cm³)	含水率/%	孔隙率/%	编号	湿密度/(g/cm³)	干密度/(g/cm³)	含水率/%	孔隙率/%
6-1-1	2.21	2.198	0.55	18.59	6-2-1	2.28	2.211	3.12	18.11	6-3-1	2.35	2.200	5.86	18.52	6-4-1	2.37	2.231	6.25	17.37
6-1-2	2.15	2.14	0.49	20.74	6-2-2	2.29	2.200	4.08	18.52	6-3-2	2.32	2.194	5.74	18.74	6-4-2	2.25	2.135	5.38	20.93
6-1-3	2.26	2.247	0.56	16.78	6-2-3	2.33	2.234	4.32	17.26	6-3-3	2.38	2.243	6.12	16.93	6-4-3	2.32	2.190	5.93	18.89
平均值	2.21	2.195	0.53	18.70	平均值	2.30	2.215	3.84	17.96	平均值	2.35	2.212	5.91	18.06	平均值	2.31	2.185	5.85	19.06
8-1-1	2.29	2.239	2.26	17.07	8-2-1	2.32	2.243	3.43	16.93	8-3-1	2.42	2.296	5.38	14.96	8-4-1	2.43	2.313	5.06	14.33
8-1-2	2.33	2.256	3.35	16.44	8-2-2	2.37	2.274	4.23	15.78	8-3-2	2.36	2.243	5.21	16.93	8-4-2	2.31	2.235	3.35	17.22
8-1-3	2.23	2.205	1.12	18.33	8-2-3	2.33	2.244	3.85	16.89	8-3-3	2.38	2.268	4.96	16.00	8-4-3	2.35	2.254	4.26	16.52
8-1-4	2.25	2.220	1.33	17.78	8-2-4	2.39	2.291	4.31	15.15	8-3-4	2.33	2.247	3.69	16.78	8-4-4	2.39	2.263	5.63	16.19
平均值	2.28	2.23	1.89	17.41	平均值	2.35	2.263	3.96	16.19	平均值	2.37	2.264	4.81	16.17	平均值	2.37	2.266	4.58	16.07
10-1-1	2.3	2.246	2.36	16.81	10-2-1	2.27	2.203	3.03	18.41	10-3-1	2.42	2.295	5.16	15.00	10-4-1	2.37	2.267	5.16	16.04
10-1-2	2.25	2.224	1.13	17.63	10-2-2	2.44	2.346	3.89	13.11	10-3-2	2.36	2.249	4.68	16.70	10-4-2	2.35	2.245	4.56	16.85
10-1-3	2.29	2.252	1.69	16.59	10-2-3	2.33	2.255	3.36	16.48	10-3-3	2.38	2.268	4.69	16.00	10-4-3	2.41	2.298	4.89	14.89
平均值	2.28	2.241	1.73	17.0	平均值	2.35	2.266	3.43	16.00	平均值	2.39	2.271	4.84	15.90	平均值	2.38	2.270	4.60	15.93

表 5.15　过渡料碾压试验密度统计表

加水区 (0%)					加水区 (10%)					加水区 (15%)					加水区 (20%)				
编号	湿密度/(g/cm³)	干密度/(g/cm³)	含水/%	孔隙率/%	编号	湿密度/(g/cm³)	干密度/(g/cm³)	含水/%	孔隙率/%	编号	湿密度/(g/cm³)	干密度/(g/cm³)	含水/%	孔隙率/%	编号	湿密度/(g/cm³)	干密度/(g/cm³)	含水/%	孔隙率/%
6'-1-1	2.05	2.039	0.53	24.48	6'-2-1	2.29	2.164	5.81	19.85	6'-3-1	2.3	2.177	5.63	19.37	6'-4-1	2.19	2.067	5.93	23.44
6'-1-2	1.92	1.912	0.42	29.19	6'-2-2	2.27	2.159	5.16	20.04	6'-3-2	2.18	2.053	6.21	23.96	6'-4-2	2.04	1.937	5.33	28.26
6'-1-3	2.11	2.100	0.46	22.22	6'-2-3	2.33	2.208	5.52	18.22	6'-3-3	2.21	2.094	5.54	22.44	6'-4-3	2.33	2.196	6.11	18.67
平均值	2.03	2.017	0.47	25.30	平均值	2.30	2.177	5.50	19.37	平均值	2.23	2.108	5.79	21.93	平均值	2.19	2.067	5.79	23.46
8'-1-1	2.24	2.211	1.38	18.11	8'-2-1	2.25	2.183	3.05	19.15	8'-3-1	2.29	2.215	3.38	17.96	8'-4-1	2.27	2.196	3.35	18.67
8'-1-2	2.11	2.08	1.26	22.96	8'-2-2	2.36	2.269	3.86	15.96	8'-3-2	2.35	2.248	4.53	16.74	8'-4-2	2.36	2.255	4.66	16.48
8'-1-3	2.33	2.288	1.97	15.26	8'-2-3	2.29	2.221	3.08	17.74	8'-3-3	2.31	2.233	3.46	17.30	8'-4-3	2.33	2.231	4.43	17.37
8'-1-4	2.3	2.274	1.16	15.78	8'-2-4	2.41	2.309	4.36	14.48	8'-3-4	2.3	2.219	3.63	17.81	8'-4-4	2.31	2.216	4.26	17.93
平均值	2.25	2.213	1.44	18.03	平均值	2.328	2.243	3.59	16.83	平均值	2.31	2.229	3.75	17.45	平均值	2.32	2.225	4.18	17.61
10'-1-1	2.29	2.252	1.68	16.59	10'-2-1	2.33	2.244	3.67	16.89	10'-3-1	2.26	2.189	3.15	18.93	10'-4-1	2.28	2.205	3.26	18.33
10'-1-2	2.23	2.210	0.89	18.15	10'-2-2	2.33	2.249	3.49	16.70	10'-3-2	2.39	2.285	4.38	15.37	10'-4-2	2.32	2.242	3.38	16.96
10'-1-3	2.34	2.288	2.26	15.26	10'-2-3	2.36	2.258	4.33	16.37	10'-3-3	2.34	2.238	4.16	17.11	10'-4-3	2.31	2.225	3.69	17.59
平均值	2.29	2.250	1.61	16.67	平均值	2.34	2.250	3.83	16.65	平均值	2.33	2.237	3.90	17.14	平均值	2.30	2.224	3.44	17.63

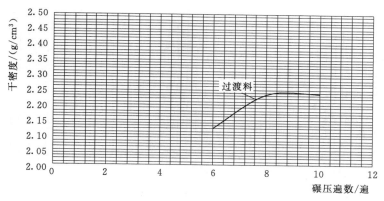

图 5.35　过渡料干密度与碾压遍数关系曲线

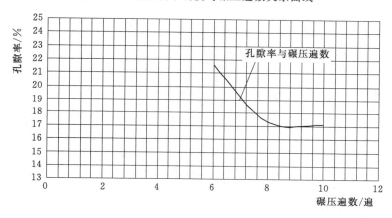

图 5.36　过渡料孔隙率与碾压遍数关系曲线

表 5.16　　　　　　　　垫层料、过渡料不同加水量平均密实度统计表

料　区	碾压遍数	平均干密度/(g/cm³)或孔隙率/%			
		未加水	10％加水	15％加水	20％加水
垫层料	6	2.195	2.215	2.212	2.185
		18.7	17.96	18.06	19.06
	8	2.23	2.263	2.264	2.266
		17.41	16.19	16.17	16.07
	10	2.241	2.266	2.271	2.270
		17.00	16.00	15.90	15.93
过渡料	6	2.017	2.177	2.108	2.067
		25.3	19.37	21.93	23.46
	8	2.213	2.243	2.229	2.225
		18.03	16.83	17.45	17.61
	10	2.250	2.250	2.237	2.224
		16.67	16.65	17.14	17.63

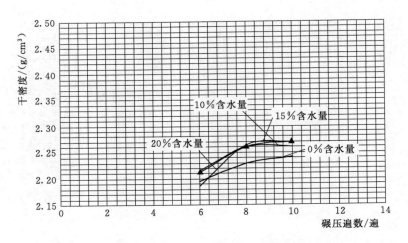

图 5.37　垫层料加水量与干密度关系曲线

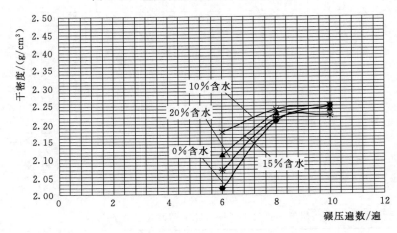

图 5.38　过渡料加水量与干密度关系曲线

以上结果明显反映出以下几点：

1）垫层料不加水的干密度均小于加水料，孔隙率大于加水料。说明不加水的压实效果较差。

2）加水后的垫层料，在碾压 6 遍后加水区随着加水量的增加干密度却略有降低，孔隙率略有增大；而碾压 8 遍后却随加水量的增大干密度略有微小提高，孔隙率略有微小降低；碾压 10 遍后 10％、15％、20％加水区在 8 遍的基础上干密度分别增加了 0.003g/cm³、0.005g/cm³、0.004g/cm³，孔隙率分别降低了 0.19％、0.27％、0.14％。产生这种现象的原因主要为加完水后 20％加水区表层局部存在积水，说明在填筑料局部渗透缓慢而处在饱和状态或接近饱和状态，而随后的碾压使其孔间的内存水对颗粒的下沉产生浮托力，降低了压实效果。由于 6 遍压完后取样测试用时较长（2d），所以在碾压 7～8 遍时孔间多余水分均已渗入底部，原 20％加水区的颗粒表面又处在充分的湿润状态，在受到外力作用的颗粒相互运动的摩擦力则相对减小，使压实效果略优于加水量偏少的区域，因取样测试的关系，碾压 9～10 遍时已是加完水的 5d 以后，洒水各区料的表面含水已趋于接近，故压实效也无明显差别，趋于平衡。

3）过渡料碾压完 6 遍、8 遍后，不洒水区压实效果同样明显差于加水区。

4）过渡料碾压完 8 遍、10 遍后，在加水区随着加水量的增大干密度略有降低，孔隙率相应增大。造成这一现象的原因应与加水多少无关系，主要是取样点 P_5 含量变化因素所致。

5）从以上结果说明：过渡料、垫层料的填筑进行加水是必要的，加水量应控制在 10% 为宜。

（3）沉降量与碾压遍数。垫层料、过渡料碾压沉降量结果详见表 5.17 和图 5.39。

表 5.17　　　　　　　　　　垫层料、过渡料碾压试验沉降量观测统计表

点号	碾压之前的高程/m	碾压 2 遍沉降量/mm	碾压 4 遍沉降量/mm	碾压 6 遍沉降量/mm	碾压 8 遍沉降量/mm	碾压 10 遍沉降量/mm	单点累计沉降量/mm
垫 层 料							
1	1308.044	21	13	9	9	3	55
2	1308.092	10	9	5	4	3	31
3	1308.072	12	6	1	1	1	21
4	1308.099	14	7	5	3	3	32
5	1308.061	10	8	6	1	1	26
平均值/mm		13.4	8.6	5.2	3.6	2.2	33
过 渡 料							
1	1308.035	15	10	4	4	2	35
2	1308.073	6	6	3	2	1	18
3	1308.116	15	4	4	2	2	27
4	1308.063	22	7	5	4	3	41
5	1308.063	19	8	7	2	1	37
平均值/mm		15.4	7	4.6	2.8	1.8	31.6

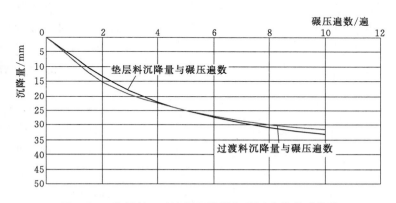

图 5.39　垫层料、过渡料沉降量与碾压遍数关系曲线

从表 5.17 的观测结果看存在以下规律：

1）随着碾压遍数的增加累计沉降量随之增加。

2）前两遍沉降量明显较大且波动也大，主要是因为在平料和洒水过程中机械在其已铺料上运行不均衡。

3）前两遍垫层料沉降小于过渡料，碾压 4 遍、6 遍、8 遍、10 遍后垫层料沉降却大于过渡料，主要是过渡料颗粒大于垫层料，碾压初期力的传递直接且摩擦力小，随着碾压遍数的增加，大颗粒之间的压缩空间相对降低，沉降量随之减小

4）碾压 8 遍后沉降量增加非常缓慢，说明可压缩空间已很微小，对应碾压 10 遍后与碾压 8 遍的孔隙率测试结果比较，其孔隙率降低值亦是甚微，说明密实度测试与沉降观测的规律亦吻合。

（4）颗粒级配分析。

1）垫层料经过人工掺配后颗粒级配连续而均匀，不均匀系数 $C_u=80$，曲率系数 $C_c=4.05$，实测颗粒级配曲线完全符合设计要求。

2）过渡料经过爆破后直接填筑，经筛分分析除 P_5 含量偏小外，各级颗粒级配连续均匀，不均匀系数 $C_u=37$，曲率系数 $C_c=2.83$，基本无超径粒径存在，实测曲线基本符合设计要求。

3）垫层料经过装卸摊铺后总体均匀性良好，垫层料 39 个测试点的 P_5 含量绝大部分保持在 30.2%～38.92% 之间，仅 3 个点 P_5 偏少，实测值为 26.99%、28.45%、27.67%，另外一组为 45.89%。分析 P_5 偏少主要是因湿砂子筛不完全，实际 P_5 含量比测试数据值略大 2%～3%，基本达到 30% 标准。

过渡料 38 个测试点绝大部分 P_5 含量保持在 10%～20% 之间，略低于标准要求，但各级级配均匀连续，经过碾压压实后，孔隙率能够满足设计要求。

（5）渗透系数。经过碾压 8 遍后，垫层料、过渡料各进行了两个点原位渗透试验，垫层料实测渗透系数分别为 2.15×10^{-3} cm/s、1.94×10^{-3} cm/s；过渡料实测渗透系数分别为 1.75×10^{-2} cm/s、2.33×10^{-2} cm/s，说明垫层料、过渡料渗透系数满足设计要求。

5.3.1.3　碾压试验结论

综合主堆石填筑料两次碾压试验的结果，可以认为：①目前爆破试验所开采的爆破料能够满足主堆石的填坝要求。②试验所选用的施工碾压机具 SSR260 自行式振动平碾及 320 推土机和运输车辆可用于主堆石坝体填筑施工。采用进占法铺料是较理想的施工程序并符合规范要求。③选定的 80cm 铺料厚度、2km/h 碾压行车时速，以及不小于 10cm 的错距法、振动碾压 8 遍能够基本保证设计要求且经济合理。对局部薄弱处应增加碾压遍数以保证满足设计标准。

综合垫层料、过渡料的碾压试验过程与试验结果，可以认为：①经过人工破碎掺配的垫层料和爆破生产的过渡料能够满足坝体中该部位的填坝要求。②试验所选用的 XS202J 自行式振动平碾及装运、摊铺机械可作为施工选用机具，采用的后退法施工程序切实可行并符合规范要求。③试验选定的 40cm 铺料厚度、1800km/h 碾压行车速度，不小于 10cm 的错距法，振动碾压 8 遍能够基本保证设计要求且经济合理。对局部薄弱处应增加碾压遍数以保证满足设计标准。④垫层料、过渡料在完成铺筑后应进行洒水，洒水量应以 10% 为宜。

根据试验结果及试验过程特提以下建议：①除试验中明显偏小的干密度、孔隙率部位因需补压而有所提高，其干密度不能计入统计外，总体（90% 以上）干密度、孔隙率平均值能够满足设计要求。考虑到现场参建各方对碾压质量便于控制，建议将设计最低孔隙率调整至 20.5%，作为现场碾压质量控制标准，平均孔隙率不小于 20%，以保证最终在工

程实体中平均密实度满足设计初衷的基础上能较顺利施工，使施工结果和设计意图达到统一。②应加强装料控制，保证每一车均匀装料和颗粒级配的连续性，防止局部粒径范围的集中装运。③因在摊铺料过程中，较大石块一般均在被摊料的前沿部位，故填筑料与岸坡结合处要严格按规范要求铺填过渡料，保证坝体与岸坡结合处的填筑质量。④认真控制铺料厚度的均匀性。填筑面平整是保证铺料厚度均匀的前提条件，因此在铺料过程中应力求保持层面平整。⑤施工时应尽可能加快坝体填筑进度，在面板混凝土施工前争取更多的自由沉降时间。

5.3.2　大坝新施工新技术应用

5.3.2.1　大坝面板接缝表层止水一体化机械化施工

1. 大坝面板接缝表层止水施工研究意义

混凝土面板接缝止水系统是混凝土面板堆石坝实现蓄水功能的核心，一个结构合理的接缝止水系统，对减少大坝的漏水量、降低大坝的浸润线、维持大坝的稳定运行等都起到了重要的作用。面板接缝表层止水系统包含两个要素：一个是止水材料的质量；另一个则是施工质量。当止水材料质量不达标或者施工质量控制不好时，止水系统的功效将无法发挥，大坝将会出现严重渗漏，严重影响水库的正常运行。在我国近 30 年混凝土面板堆石坝的建设历程中，许多坝体渗漏甚至溃坝事故与接缝止水的结构形式、止水材料的耐久性、止水材料的施工工艺直接相关（如沟后混凝土面板砂砾石坝溃坝事故，株树桥混凝土面板堆石坝面板接缝止水失效等）。

一些工程虽然采用了可靠的接缝止水结构形式和优良的止水材料，但由于气温偏低、工期紧迫等原因，很难严格按施工规范和止水材料厂家的施工工艺要求进行止水材料的安装，使得接缝防渗体系不能满足工程安全运行的要求，最终导致表层止水材料拆除返工。

传统的面板接缝止水采用人工施工，不仅效率低下，而且人工施工的柔性填料段面尺寸很难达到设计要求、也很难将填料嵌填密实（图 5.40）。因此，改进止水材料的安

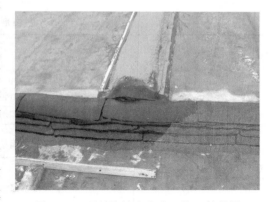

图 5.40　面板接缝止水人工施工效果图

装工艺，对加快表层止水材料的安装进度、解决大坝坡面上人工嵌填困难、克服施工现场温度偏低带来的不利影响具有重要意义。

2. 一体化机械化施工简介

为解决面板表层接缝止水机械化施工的难题，中国水利水电科学研究院结构材料研究所和北京中水科海利工程技术有限公司从 2002 年开始进行相关机械设备的研究。前期研制的 GB 柔性填料挤出机先后在贵州引子渡、洪家渡、青海公伯峡、河南盘石头等面板坝工程中进行了试用。为进一步地实现面板接缝表层止水材料安装的快速一体化机械施工，经过试验，为 GB 柔性填料挤出机配置了由牵引台车、施工台车、送料台车等设备组成的施工组合台车系统。配置施工组合台车系统后的 GB 柔性填料挤出机，可实现面板接缝表

层止水安装的快速一体化机械施工，该技术在吉林双沟、湖北潘口面板坝中得到了应用。随后，配置施工组合台车系统的 GB 柔性填料挤出机——"面板坝表层接缝止水材料快速一体化机械施工系统"得到了进一步的改进和完善，并在 2012 年 10 月施工的新疆吉勒布拉克一期、二期面板表层止水施工中得到应用，取得了令人满意的施工效果。

3. 表层止水施工原则

按照设计要求，表层止水施工宜在混凝土浇筑 28d 后以及在填筑填料的相应部位混凝土强度达到设计强度的 90% 后，自下而上分段进行施工，并应在面板挡水前完成。柔性填料的挤出施工宜在日平均气温高于 5℃、无雨的白天施工，否则应采取专门的措施。分期施工柔性填料时，应将面板接缝上部的顶端进行密封。

4. 材料技术指标要求

SK 底胶性能指标见表 5.18，SK 封边剂性能指标要求见表 5.19，子午线型三元乙丙橡胶复合板性能指标要求见表 5.20，柔性填料性能指标要求见表 5.21，止水条性能指标要求见表 5.22，SK 涂刷型盖板性能指标要求见表 5.23。

表 5.18 SK 底胶性能指标

编号	项目（＊为型式检验）	指标
1	密度/(g/cm³)	0.8～1.0
2	黏度/(mPa·s)	≥300
3	与 GB 填料粘接破坏面积（常温/干燥）/%	≤10

表 5.19 SK 封边剂性能指标

编号	项目	性能指标
1	拉伸强度/MPa	≥10
2	缺口冲击韧性/(kJ/m²)	≥1.5
3	混凝土粘接强度/MPa	≥3.0
4	潮湿混凝土粘接强度/MPa	≥2.0

表 5.20 子午线型三元乙丙橡胶复合板性能指标

序号	材料名称	项目		指标
1	三元乙丙胶层	硬度（邵尔 A）/度		65±5
		拉伸强度/MPa		≥7.5
		扯断伸长率/%		≥450
		撕裂强度/(kN/m)		≥25
		低温弯折/℃		≤-40
		耐热空气老化（80℃×168h）	拉伸强度保持率/%	≥80
			扯断伸长率保持率/%	≥70
			100%伸长率外观	外观无裂纹
		耐碱性	强度保持率/%	80
			伸长率保持率/%	80
		臭氧老化		外观无裂纹

续表

序号	材料名称	项目		指标
2	天然橡胶层	硬度（邵尔 A）/度		60±5
		拉伸强度/MPa		≥15
		扯断伸长率/%		≥380
		压缩永久变形/%	70℃×24h	≤35
			23℃×168h	≤20
		撕裂强度/(kN/m)		≥30
		脆性温度/℃		≤-45
		热空气老化 70℃×168h	硬度变化（邵尔 A）/度	≤8
			拉伸强度/MPa	≥12
			扯断伸长率/%	≥300
		臭氧老化		2 级
3	6mm 厚复合板性能	6mm 厚复合板整体抗撕裂力/N		≥500
		6mm 厚复合板整体承受的拉力/N		≥4000
		抗渗性能/MPa		≥2.0
		抗击穿性	接缝宽 5mm，6mm 厚复合板抗渗水压力/MPa	≥2.7

表 5.21　　　　　　　　柔 性 填 料 性 能 指 标

项目		指标
浸泡质量损失率 常温×3600h	水/%	≤2
	饱和 Ca(OH)$_2$ 溶液/%	≤2
	10%NaCl 溶液/%	≤2
拉伸黏结性能	常温，干燥	断裂伸长率/%	≥200
		黏结性能	不破坏
	常温，浸泡	断裂伸长率/%	≥200
		黏结性能	不破坏
	低温，干燥	断裂伸长率拉伸/%	≥100
		黏结性能	不破坏
	300 次冻融循环	断裂伸长率/%	≥200
		黏结性能	不破坏
本体拉伸性能	常温拉伸	拉伸强度/MPa	≥0.03
		伸长率/%	≥400
	低温拉伸（-20℃）	拉伸强度/MPa	≥0.06
		伸长率/%	≥300
	超低温拉伸（-45℃）	拉伸强度/MPa	≥0.08
		伸长率/%	≥150

续表

项　　目			指　标
流淌值（下垂度）/mm			不流淌
施工度（针入度）/(10^{-1}mm)			≥100
密度/(g/cm³)			1.50±0.10
抗击穿性	填料厚 5cm，其下为 2.5～5mm 垫层料，64h 不渗水压力/MPa		≥2.7
流动止水性	流动止水长度/mm	室温（23℃±2℃）	≥160
		模拟环境（0～25℃）	≥80
	缝宽 5cm、填料流动 1.1m 后的耐水压力/MPa		＞2.5

表 5.22　　　　　　　　　　　　**止 水 条 性 能 指 标**

项　　目			指　标
浸泡质量损失率常温×3600h		水/%	≤2
		饱和 Ca(OH)₂ 溶液/%	≤2
		10%NaCl 溶液/%	≤2
拉伸黏结性能	常温，干燥	断裂伸长率/%	≥300
		黏结性能	不破坏
	常温，浸泡	断裂伸长率/%	≥300
		黏结性能	不破坏
	低温，干燥	断裂伸长率/%	≥200
		黏结性能	不破坏
	300 次冻融循环	断裂伸长率/%	≥300
		黏结性能	不破坏
流淌值（下垂度）/mm			不流淌
施工度（针入度）/(10^{-1}mm)			≥70
密度/(g/cm³)			1.30±0.10
复合界面剥离性能（常温）/(N/cm)			界面不破坏或剥离强度大于 10
抗击穿性	GB 板厚 5cm，其下为 2.5～5mm 垫层料，64h 不渗水压力/MPa		≥2.7

表 5.23　　　　　　　　　　　**SK 涂刷型盖板性能指标**

项　　目	指　标	项　　目	指　标
拉伸强度/MPa	＞16	附着力（潮湿面）/MPa	≥2.5
扯断伸长率/%	＞350	耐磨性（阿克隆法）/mg	＜15
撕裂强度/(kN/m)	＞40	颜色	浅灰色，可调
硬度（邵尔 A）/度	40～50		

5. 表层止水施工要求

（1）柔性填料，进货后应抽样检验其主要技术指标，然后按要求进行安装。

（2）同柔性填料接触的混凝土表面必须平整、密实，对蜂窝、露筋、起皮、起砂和松动等缺陷采用高标号砂浆进行修补。

（3）同柔性填料接触的混凝土表面必须干燥，当遇霜、露或雨天时，不得进行柔性填料的挤出施工。

（4）同柔性填料接触的混凝土表面必须洁净，嵌缝前应先用钢丝刷清除泥土、杂物等，并用高压空气吹净浮土。

（5）柔性填料挤出施工前，应在接缝的混凝土表面涂刷 SK 底胶，待其表干后进行柔性填料的挤出嵌填施工。

（6）柔性填料采用挤压机挤出嵌填时，成型后的柔性填料断面应满足设计要求的形状和尺寸。垂直缝施工嵌填过程中应适当加压，使柔性填料填充密实，同时使柔性填料充分地挤压到预留的混凝土 V 形槽缝中。

（7）柔性填料表面的复合板，应牢固地黏结到混凝土表面的 GB 止水条上，同时用扁钢和膨胀螺栓压紧，以便形成密封腔，防止水的浸入和柔性填料的流失。

6. 表层止水施工工序

混凝土面板接缝表面清理→安放 PVC 棒→安装波形止水带（仅对周边缝和防浪墙底缝）→涂刷 SK 底胶并粘贴 GB 止水条→挤出机挤出成型 GB 柔性填料、复合板的粘贴及固定→安装不锈钢扁钢压条（提前打好孔）→安装螺栓并固定螺栓→封边剂封边。

（1）接缝表面清理。柔性填料挤出施工前，先清扫接缝表层止水结构范围内的混凝土表面，用腻子刀、钢丝刷除去混凝土表层浮渣、杂物，用水或压缩空气冲洗 V 形槽内外，除净混凝土表面的溢流物和浮灰，清理宽度大于表面止水安装所需宽度 5cm，然后用湿棉纱把清理过的混凝土表面擦拭干净。对于局部不平整的混凝土表面（如蜂窝麻面）采用磨光机打磨平整。

（2）安装 GB 复合波形橡胶止水带。用棉纱将待粘贴波形止水带的混凝土表面擦拭一遍，除去表面的浮土、浮水。在擦拭干净后的混凝土表面涂刷底胶，然后将止水带粘贴在混凝土上，止水带中心线与设计线的安装允许偏差为 ±5mm。将打孔后的不锈钢扁钢安放在止水带上并定位（不锈钢扁钢的打孔位置及间距按设计要求），用冲击钻通过不锈钢扁钢上的孔，按设计深度在 GB 复合波形橡胶止水带和混凝土上钻孔，然后用膨胀螺栓固定不锈钢扁钢。安装完毕后的止水带，应与混凝土表面之间紧密结合，不锈钢扁钢对止水带的锚压要牢固。

（3）涂刷底胶。待粘贴部位经过表面处理后，涂刷底胶。底胶涂刷要均匀，不宜过厚。在干燥的缝槽混凝土表面上均匀涂刷底胶，底胶涂刷宽度应至固定扁钢处。

（4）埋设 PVC 棒。将 PVC 棒依次压入坡口底部（铺设前以丙酮棉纱除去表面油迹），张直，使棒壁与接缝壁嵌紧，PVC 棒轴心与缝中心线一致。

（5）柔性填料挤出施工。面板表层止水施工缝包括张性缝、压性缝、坝顶防浪墙底缝和周边缝。垂直缝止水的一体化机械施工是通过坝顶牵引台车牵引无动力挤出台车骑缝自下向上行走来完成的。无动力挤出台车在坝面施工由移动式牵引台车牵引，喂料车斜坡供料。牵引台车由履带式挖掘机改装而成，可沿坝顶行走；其上配有两部卷扬机，分别用于牵引挤出机和喂料车；卷扬机配有变频器调整电机运行速度，实现牵引速度与挤出速度的同步控制。挤出机挤出模口直接对准 V 形缝口，将柔性填料连续不断地挤进面板接缝（混凝土表面和成型断面挤出模口下的复合板中），直到一条缝施工完成，被挤出的柔性填料在通过成型断面挤出模口后，形成符合设计断面尺寸要求的柔性填料包。

周边缝止水的机械化施工，是通过一台大功率挤出机和周边缝挤出台车，配合多点牵引、改向滑轮、斜坡轨道来实现的。多点牵引包括坝顶动力牵引、坝顶辅助牵引，动力牵引由牵引台车（用于垂直缝施工的牵引台车）来完成，改向滑轮是一至两个定滑轮，用来改变动力牵引的方向，以实现周边缝挤出机在不同坡度的、倾斜的坡面上行走；斜坡轨道由 6 根单根长 3m 的槽钢组成，用膨胀螺栓固定在趾板倾面上；在周边缝挤出机机身侧面安装两个侧轮，挤出机上行时，侧轮顶在轨道上，既保证了行走安全，又规定了行走路线。由于周边缝的断面尺寸大，挤出功效严重受制于喂料速度，施工中采用提前斜坡送料、在趾板上分段集中堆放，挤出时由人工传递喂料。

由于周边缝填料包断面尺寸巨大，挤出机挤出的填料密实、黏软，在自身重力的作用下就可与混凝土面紧密粘接。另外，由于填料包较重，在倾斜的斜坡面上，柔软的填料包在自重的作用下会出现下移现象，为防止柔性填料包偏离缝口，施工中将挤出机机头向缝口以上调整约 10cm，并且每挤出约 10m，立即进行复合板、扁钢、螺栓的安装工作。

坝顶防浪墙底缝的止水机械化施工是通过水平牵引台车（卷扬机）牵引平面挤出台车来实现的。

柔性填料嵌填中应注意以下几点：

1）填料挤出嵌填。如果现场温度较低，可用喷灯或塑料焊枪烘热填料，使填料表面黏度提高，再进行挤出嵌填。

2）挤出嵌填数量。填料的嵌填断面尺寸应满足设计要求。应根据缝口的实际情况，选择与设计断面尺寸相对应的挤出机成型断面挤出模口，在挤出机送料过程中应连续不断地送料以满足挤出机的吃料速度，确保挤出 GB 柔性填料成型体密实度满足要求。

应保持嵌填部位的干燥，如接缝内有反渗水，应排除接缝反渗水的影响后，再进行止水施工。封堵面板接缝上部的端口，防止雨水、施工用水进入接缝，在面板接缝下部引起反渗水。

3）施工过程中要保持待粘贴面干燥，雨天需采取遮蔽保护措施，否则不得施工。

4）填料未使用时不要将防粘纸撕开，以防止材料表面受到污染，影响使用效果。

5）嵌填完成后，12h 内禁止过水，也不要任意撕扯，造成人为破坏。施工完成后的接缝表层止水，不得承受反渗水的作用。

6）施工中要特别注意保证复合板与混凝土表面的密封，并经常检查挤出嵌填体的外观质量。

（6）子午线型三元乙丙橡胶复合板的粘贴。垂直缝表面的子午线型三元乙丙橡胶复合板在挤出机台车上与柔性填料挤出嵌填施工同时进行。挤出机向垂直缝 V 形槽混凝土表面和成型断面挤出模口下的复合板中挤出符合设计断面尺寸的柔性填料，同时将复合板挤压安装在柔性填料和 V 形接缝两侧的混凝土表面上。

1）柔性填料挤出施工前，在将采用不锈钢扁钢固定复合板的混凝土表面上粘贴 80mm×5mm（宽×厚）的 GB 止水条。粘贴过程中注意排出空气，GB 止水条一定要铺展平整，与混凝土面粘贴处要按压密实。

2）垂直缝复合板在挤出机成型断面挤出模口内被柔性填料充填至饱满状态，不需要二次振捣夯实。

3）将固定用的不锈钢扁钢压条安装在复合板上，扁钢应紧贴防渗盖复合板下部的填料包边缘安装，保证复合板与混凝土间的柔性填料结合紧密，不得有空腔。将膨胀螺栓安装在扁钢预留孔中并紧固，使扁钢、防渗盖复合板与混凝土紧密结合，不得有脱空现象。

4）对复合板边缘采用配套的 SK 柔性封边剂进行封闭，复合板接头部位采用 SK 涂刷型盖板进行封闭连接。

a. 将要涂刷 SK 柔性封边剂处的防渗盖复合板边缘和混凝土面用钢丝刷、棉纱等清理干净，要求无灰尘、杂物和油污。

b. 用油灰刀或者油漆刷将 SK 封边剂专用底涂涂于复合板与混凝土接触处，待底涂表面干后用 SK 封闭剂进行封边，封边宽度为复合板接头部位上下各 10~15cm、复合板边沿 5~8cm。涂刷时应倒角平滑、无棱角、无漏涂，封边均匀。

c. 涂刷完成后，不要踩踏、触碰，让 SK 柔性封边剂自然干燥。

5）复合板在出厂前不复合，对单面进行打磨，接头部位需要留出加筋材料，以便现场接头粘接处理。

（7）复合板接头部位连接处理：在复合板施工过程中，主要产生两种类型的接头：直线接头和异型接头。直线接头发生在各类缝缝内截面处，异型接头发生在不同类型缝的搭接处，主要包括 T 形接头及 L 形接头两种。

1）所有盖复合板接头部位的连接方式均采用 SK 涂刷型盖板进行粘接覆盖处理。

2）在直线接头位置先后施工的两条盖板均预留出 10cm 长加筋布（出厂前制作好），盖板接口处制成表面成糙面的 45°坡口。挤出机经过接头位置后继续上行，保证施工的连续性。接头部位的处理由后续人工完成，即将两块加筋布搭接，布的上、下表面均采用 SK 涂刷型盖板进行粘接覆盖处理，厚度与复合板一致。施工时，SK 涂刷型盖板在斜面上一次刮涂厚度不宜过厚，否则会流淌。涂刷完第一遍后，立即将胎基布粘于表面，待涂层表干将胎基布固牢后再涂刷下一遍，直到厚度达到要求。SK 涂刷型盖板厚度要均匀，由于 SK 涂刷型盖板各层之间的粘接性好，SK 涂刷型盖板各层间间隔的施工时间不受限制，但要保证层间清洁、干燥。将约 10cm 预留接头填充后，在两块盖板外面接头处延长 20cm 范围进行二次防护处理，材料仍为 SK 涂刷型盖板。二次防护处理时，首先必须将复合板表面进行打磨、清洗处理，去除表面的污物及光皮，在涂刷 SK 涂刷型盖板前保证盖复合板表面干净、干燥、粗糙、涂层厚度不小于 2mm，在涂层中间加一层胎基布。

异型接头在出厂前首先按设计尺寸定制好（预先复合好 GB 止水条）。在施工中，出现异型接头的部位，先按设计要求的各种缝型进行复合板的施工，在安装扁钢、螺栓前将异型接头就位在设计位置，位于异型接头下的复合板表面要进行清洗处理，去除表面的污物及光皮。异型接头就位好后，在异型接头边缘 20cm 范围进行二次防护处理，材料仍为 SK 涂刷型盖板。二次防护处理方法同前。

7. 一体化施工效果

采用上述技术实现了面板接缝表层止水安装的快速一体化机械施工。一体化施工降低了施工难度与人工成本，提高了施工质量与施工速度，既节约建设周期，又提高了大坝安全质量（图 5.41 和图 5.42）。

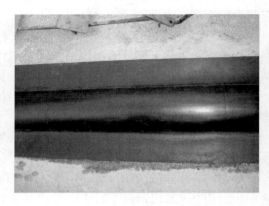

图 5.41　一体化机械施工示意图　　　　图 5.42　一体化机械施工效果图

5.3.2.2　坝体填筑施工 GPS 智能压实系统控制

坝体堆石料碾压填筑的质量直接影响坝体的变形与安全运营。传统的碾压施工存在以下问题：

（1）铺料厚度难以控制。大坝填筑普遍存在铺料厚度超标的问题，填筑坝面平整度不能满足设计要求，需要耗费大量的人力和物力对超厚和坝面平整度进行处理。

（2）碾压遍数难以控制。碾压多采用进退错距法和条带搭接法，通过人工放线、肉眼观察的方法来控制碾压遍数和界定碾压区域，单纯依赖机手操作水平和工作态度，难以完全控制碾轮走向，造成欠压、漏压和超压频繁发生。

（3）压实度均匀性难以控制。现行规程规范规定用原位试验检测压实密度，存在数据精度有限、人为因素难以排除和以点代面的问题，难以全面、真实地反映坝体整体压实度和均匀性。

（4）过程控制不合理。传统碾压施工方法采取事后检测评定施工质量，检测时间滞后，发现质量问题需进行返工，既影响施工进度，又加大工程成本。

（5）缺乏施工数据保存。碾压施工质量全凭机手主观判断和责任意识来保障，一旦造成质量问题常常无据可查，数据也无法追溯。

为保证碾压施工质量，土石坝堆石料填筑过程中需要引入新的技术手段实现碾压施工的全过程控制。平寨水库混凝土面板堆石坝坝体填筑施工引进了 CCS900 智能压实控制系统，该系统可以随填筑碾压施工过程实时监测显示施工工艺控制和填筑质量，包括：实时记录显示碾压遍数；实时显示碾压轨迹、过压和漏压区域，以及碾压设备前进的方向、速度、振动频率和幅度；实时记录显示实际压实厚度并判断是否符合设计厚度要求；实时检测记录孔隙率并判断是否满足设计要求。该系统提高了大坝填筑的施工效率，节省了管理及施工成本，提高了坝体碾压施工过程质量的均匀性，保障了大坝的填筑质量。

智能压实过程控制系统主要包括三个部分：GPS 基站部分、压实机系统部分和数据服务平台。GPS 基站部分包括 GPS 基站接收机和电台；压实机系统部分包括控制器、GPS 接收机、数传电台、压实传感器、数传模块、光靶、打印机；数据服务平台包括数据网络存储系统、数据处理软件等。

　　系统工作时，GPS 基站通过数传电台向振动碾上的电台实时发送差分信号，振动碾上的 GPS 通过自身三维位置定位信息和精确的差分信息获得动态精确的三维位置信息。通过控制软件对振动碾上 GPS 三维位置坐标和振动碾压轮上压实传感器采集的压实数据信息进行匹配记录和分析处理，并以图形、数值等方式实时显示碾压区域的压实度值、碾压遍数、碾压厚度、行进速度、压实薄弱区域、漏压、过压区域等信息，以指导机手进行碾压作业（图 5.43）。系统对碾压作业区域的全部压实状况实时以图形和数值的形式展现，并对全部压实数据进行记录和存储，作为施工质量控制的依据，做到不再凭猜测和经验施工。

图 5.43　智能压实过程信息实时显示示意图

　　对传统原位试验"坑检法"检测干密度值与智能压实过程控制系统的压实度（CMV 值）进行对比发现：①智能压实过程控制系统能实现对碾压施工参数进行实时记录和存储，并通过数据处理软件生成任一区域、任一层、任一点的碾压遍数、压实度、碾压厚度、行进速度、振动频率、碾压时间，并以图表或数据标识，从而能为大坝碾压施工质量评价提供依据。②智能压实过程控制系统采集的试验数据与实际检测数据具有良好的相关性和统一性，其精度和准确度能满足工程施工质量控制要求，同时对传统施工质量试验检测方法具有很好的指导性。③智能压实过程控制系统通过控制施工主要参数从而实现对施工质量的全过程控制，对存在的质量缺陷具有较好的可追溯性，为大坝全过程质量跟踪提供了有效、可行的技术手段。

5.4　黔中面板堆石坝应力变形数值分析

　　本节通过数值分析，研究窄河谷黔中面板堆石坝应力变形静、动力特性，坝体填筑分期和进度安排如图 5.44 所示。黔中面板堆石坝坝体填筑材料的南水双屈服面弹塑性模型计算参数见表 5.24，动力计算参数见表 5.25，流变变形计算参数见表 5.26。

5.4.1　坝体应力变形性状

　　堆石坝体的变形包括瞬时变形和流变变形。瞬时变形在堆石碾压过程中很快完成，其变形量约占整个变形量的 80% 左右，发生机理为：在荷载作用下，堆石颗粒在克服颗粒间的摩擦阻力后产生滑动和滚动，并移位至相对平稳的位置，在这过程中堆石颗粒间的孔隙不断减小，堆石体趋于密实。该变形的控制主要通过降低堆石初始孔隙率来实现。堆石体的流变变形在堆石填筑完成后还要有相当长的一段时间才能完成，其发生机理为：堆石

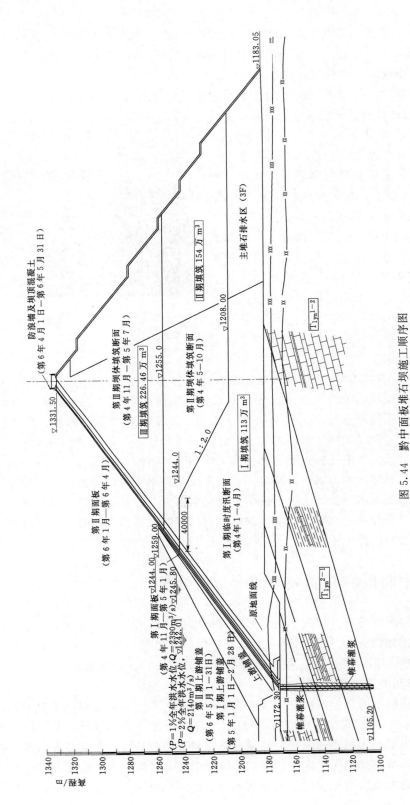

图 5.44　黔中面板堆石坝施工顺序图

表 5.24　　　　　　　　　　　"南水" 模型参数

材料名称	ρ /(g/cm³)	φ_0 /(°)	$\Delta\varphi$ /(°)	K	n	R_f	K_{ur}	"南水" 模型		
								c_d	n_d	R_d
垫层料 2A	2.24	49.4	5.6	903.3	0.32	0.62	1800	0.0049	0.58	0.57
过渡层料 3A	2.21	52.0	7.7	1205.2	0.27	0.68	2400	0.0043	0.69	0.64
主堆石料 3B	2.18	52.9	8.7	1184.6	0.25	0.75	2360	0.0031	0.85	0.72
次堆石料 3C	2.16	52.8	8.8	1106.7	0.25	0.72	2200	0.0032	0.86	0.69

表 5.25　　　　　　　　　　　动 力 计 算 参 数

材料名称	k_2	λ_{max}	k_1	n	c_1/%	c_2	c_3	c_4/%	c_5
垫层料 2A	2323	0.21	44.4	0.337	0.952	0.909	0	5.362	1.102
过渡层料 3A	2650	0.18	48.0	0.316	0.634	0.938	0	2.604	1.113
主堆石料 3B	2572	0.18	26.9	0.365	0.72	0.77	0	7.17	0.98
次堆石料 3C	2490	0.19	25.9	0.362	0.76	0.79		7.60	0.96

表 5.26　　　　　　　　　　　流 变 计 算 参 数

材料名称	α	b/%	c/%	d/%	m_1	m_2	m_3
垫层料 2A	0.0014	0.060	0.018	0.205	0.450	0.650	0.640
过渡层料 3A	0.0013	0.050	0.012	0.160	0.400	0.500	0.500
主堆石料 3B	0.0013	0.0518	0.014	0.175	0.430	0.611	0.610
次堆石料 3C	0.0013	0.0545	0.015	0.193	0.434	0.627	0.627

颗粒在高接触应力作用下产生破碎，颗粒重新排列，应力发生释放、调整和转移，在这种反复过程中，堆石体体变的增量逐渐减小最后趋于相对静止，但总的趋势非常明显，所以这个过程需要相当长的时间才能完成，直至不再发生破碎，在这个过程结束后，堆石在应力作用下基本上只有颗粒重新排列过程，慢慢趋近于较高的密实度和较小的孔隙比，因此这个阶段的变形量较小而且比较平稳，所需时间较长。

施工期面板堆石坝主要承受自重荷载，坝体变形随着堆石体填筑高度的升高而增大。根据有关面板坝数值计算和原观资料的分析，坝体顺河向变形基本表现为上游坝体向上游变形，下游坝体向下游变形；坝体轴向变形基本表现为左坝肩坝体向右岸变形，右坝肩坝体向左岸变形，即左侧、右侧坝体轴向变形指向河床中央；一般在最大断面 1/3～2/3 坝高、坝轴线或偏下游处沉降量最大，坝体沉降变形自该部位向四周递减。

水库蓄水后，坝体变形在坝体的不同部位会有所差别。由于受上游水荷载的影响，坝体上游面附近下游向水平位移以及沉降明显增加，坝轴线下游坝体受水荷载影响较小，变形增加有限，因此坝体向上游变形明显减小，向下游变形有所增加。由此可见，坝轴线上游部分的坝体对混凝土面板的变形和应力有着直接的影响，而坝体下游堆石体对面板的这种影响则相对较小。因此，在工程设计中，可以根据坝体不同部位的受力情况填筑不同工程特性的堆石材料，这是面板堆石坝断面分区优化的出发点。

图 5.45 为黔中河床断面 0+0 坝体顺河向变形和沉降变形等值线图。竣工期和蓄水期

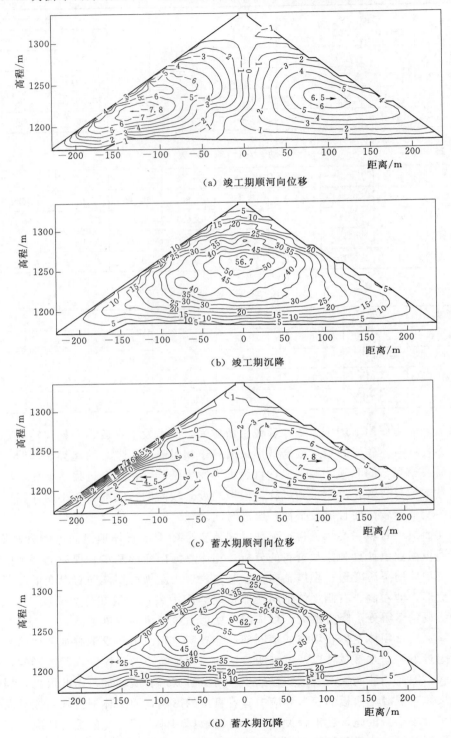

(a) 竣工期顺河向位移

(b) 竣工期沉降

(c) 蓄水期顺河向位移

(d) 蓄水期沉降

图 5.45　黔中河床断面 0+0 坝体顺河向变形和沉降变形等值线图（单位：cm）

该剖面最大沉降分别为 56.7cm 和 62.7cm，受施工顺序和坝体分区的影响，竣工期最大沉降发生在 1260m 高程坝轴线附近，蓄水期最大沉降位置略有抬高并略偏向上游。竣工期坝体上、下游向水平位移最大值分别为 7.8cm 和 6.5cm；水库蓄水后，坝体上游向水平位移最大值减小为 4.5cm，而下游向水平位移最大值增大为 7.8cm。

图 5.46 为黔中坝轴线纵剖面坝体轴向位移、顺河向位移和沉降等值线图。竣工期和

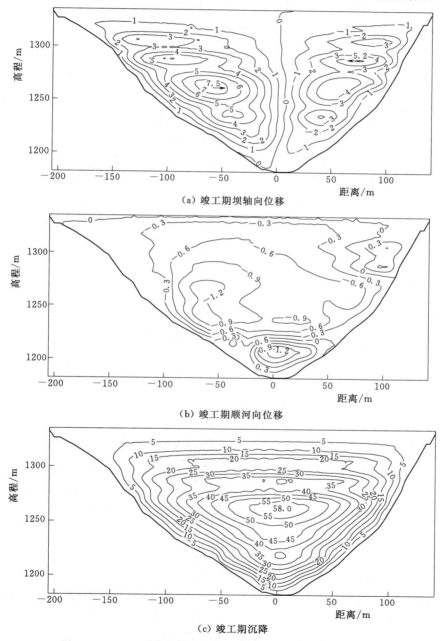

（a）竣工期坝轴向位移

（b）竣工期顺河向位移

（c）竣工期沉降

图 5.46（一）　黔中坝轴线纵剖面坝体轴向位移、顺河向位移
和沉降等值线图（单位：cm）

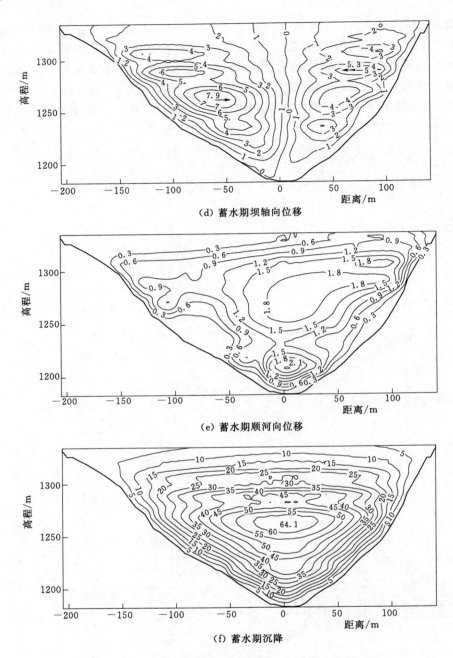

(d) 蓄水期坝轴向位移

(e) 蓄水期顺河向位移

(f) 蓄水期沉降

图 5.46（二）　黔中坝轴线纵剖面坝体轴向位移、顺河向位移
和沉降等值线图（单位：cm）

蓄水期纵剖面内最大沉降分别为 58.0cm 和 64.1cm，发生在 0+5 剖面的 1260m 高程。竣工期左坝肩坝体轴向位移指向右岸，右坝肩坝体轴向位移指向左岸，向右岸和向左岸最大位移分别为 7.5cm 和 5.2cm；水库蓄水后，向右岸和向左岸位移略有增大，最大位移分别为 7.9cm 和 5.3cm。竣工期纵剖面顺河向变形总体上表现为向上游向变形，最大值为

1.4cm，河床底部表现为向下游变形，最大值为1.3cm，蓄水后，在水压力作用下，变形方向均指向下游，最大值为2.5cm。

由自重荷载引起的坝体变形，大部分会在水库蓄水前完成（不考虑堆石体的蠕变变形和施工期蓄水的情况）。图5.47～图5.50给出了阿利亚、洪家渡、三板溪和天生桥一级等典型国内外高面板堆石坝的沉降观测资料。根据该观测资料，沉降变形规律表现为：蓄水前坝轴线以下部分的坝体，大部分已完成总沉降的90%以上，而靠近面板附近的坝体仅完成总沉降量的25%～70%。

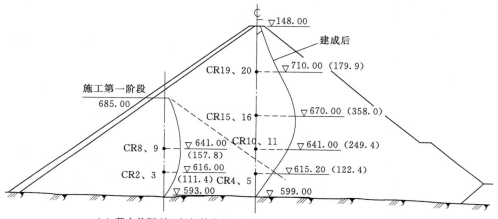

（a）蓄水前阿利亚坝坝轴线处沉降分布（括号内数值为沉降实测值）

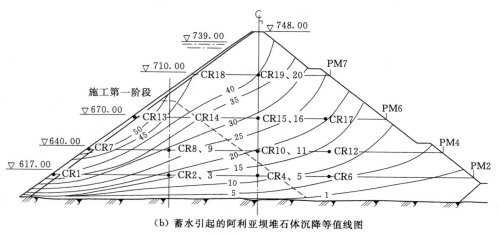

（b）蓄水引起的阿利亚坝堆石体沉降等值线图

图5.47　阿利亚面板坝堆石体沉降监测成果（单位：高程，m；沉降，cm）

综上可知，混凝土面板堆石坝坝体变形影响因素包括以下几点：

（1）坝体变形分布与坝体各区筑坝材料的变形特性密切相关，主要影响因素包括坝体分区、各区填筑材料特性、填筑标准和填筑施工顺序等。

坝体分区一般设置较大的下游（次）堆石区，而下游（次）堆石区往往采用较差填筑料、较低填筑标准（较大孔隙率），这导致坝体下游向变形比上游向变形大，坝体最大沉降变形位于坝轴线偏下游处，甚至位于下游（次）堆石区内。

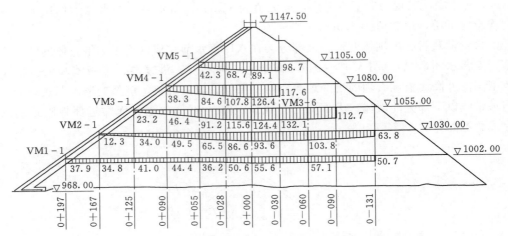

（a）施工期洪家渡河床断面实测堆石沉降分布（单位：高程，m；沉降，cm）

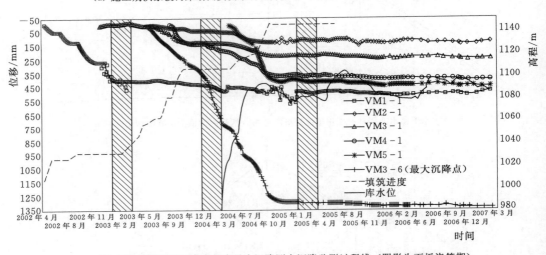

（b）河床面板下部测点和坝内最大沉降测点沉降监测过程线（阴影为面板浇筑期）

图 5.48　洪家渡面板坝堆石体沉降监测成果

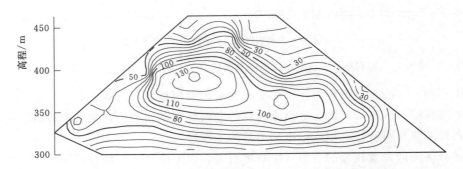

图 5.49　2005 年 10 月 1 日三板溪面板坝堆石体沉降监测成果（单位：cm）

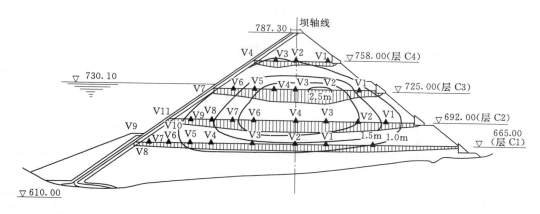

图 5.50　1999 年 3 月 29 日天生桥一级面板坝施工结束时沉降监测成果（单位：m）

　　不同的施工填筑分期，由于堆石体变形时序的差异，坝体的最终变形分布也有所差异。对于全断面填筑，施工期坝体变形分布有一定的对称性，如果下游（次）堆石料较软，位移峰值会略偏下游，无论施工期或蓄水期，坝体沉降和水平位移的等值线分布都比较均匀、协调。但如果由于施工拦洪需要而采取先在上游填筑临时断面的填筑方式，这种复杂填筑方式使得坝体变形分布也较为复杂。该填筑方式的位移峰值位置比全断面填筑情况的更偏向上游，沉降分布差别相对较小，但水平位移分布却有显著差别，在临时断面下游坡面附近有较大的下游向水平位移。若临时断面高度较大、下游坡度较陡，或者后填筑堆石料较软，就可能造成后期填筑坝体变形较大以及新、老填筑体交界面附近有过大的位移增量的情况，尤其是上游坝体上部位移增量过大，可能导致垫层产生开裂、亏坡等现象，从而导致面板的支承条件恶化。

　　（2）坝体变形受河谷地形地质条件影响。狭窄河谷的拱效应较强，同等坝高时窄河谷面板坝坝体变形要比宽河谷面板坝小，若河谷不对称，变形分布也不对称，陡峻岸坡侧坝体变形量要比宽缓岸坡侧坝体变形小，陡峻岸坡侧坝体变形梯度则要比宽缓岸坡侧坝体变形梯度大。若坝基含覆盖层，与建于基岩上的面板堆石坝相比，建于覆盖层上的面板坝坝体最大沉降较为偏向坝体底部。

　　大量工程原型观测资料显示，堆石体具有明显流变性，这种附加变形必然会对防渗系统的应力、变形状态带来较大的影响。在有些工程中，流变甚至会引起面板脱空、产生结构性裂缝等严重破坏。

　　堆石体的流变包括体积流变和剪切流变，主要是由堆石体的颗粒破碎引起的。堆石的破碎率直接影响到堆石体的变形，它与堆石颗粒的形状、大小、级配、岩质、密度、受力特点等多种因素有关。对于低坝，流变变形占总变形的比例较小，一般可以不予考虑，然而对于 100m 以上高面板堆石坝，特别是 200m 以上的超高面板堆石坝，其影响不容忽视。

　　流变总体表现为向坝内收缩，与不考虑流变计算结果相比，指向上下游向的水平位移有所减小，自两岸向河谷方向的挤压变形有所增大，坝体沉降变形有所增大。表 5.27 为黔中工程考虑流变与不考虑流变时坝体变形计算结果对比。图 5.51 和图 5.52 所示分别为该工程考虑流变时河床断面 0+0 和坝轴线纵剖面竣工期、蓄水期和运行稳定时变形分布图。竣工期、蓄水期和运行期断面 0+0 坝体最大沉降分别为 70.5cm、77.5cm 和 85.7cm，运行期最大沉降量增大了约 5.2cm，坝顶沉降量增加了约 25.5cm，工后沉降约为坝轴线部位坝高的 0.17%。竣工期、蓄水期和运行 20 年后纵剖面内最大沉降分别为 71.2cm、78.5cm 和 86.9cm，运行期最大沉降量增大了约 8.4cm，坝顶沉降量增加了约 23.0cm。

表 5.27 　　　　黔中工程考虑流变与不考虑流变时坝体变形计算结果对比 　　　单位：cm

工　况		河床最大断面				坝轴线纵断面			
		顺河向变形		沉降		轴向变形		沉降	
		向上游	向下游	坝内	坝顶	向右岸	向左岸	坝内	坝顶
不考虑流变	竣工期	−7.8	6.5	56.7	0.0	7.5	−5.2	58.0	0.0
	蓄水期	−4.5	7.8	62.7	7.27	7.9	−5.3	64.1	7.18
考虑流变	竣工期	−6.1	5.4	70.5	0.17	8.3	−6.4	71.2	0.2
	蓄水期	−2.7	6.3	77.5	9.63	8.8	−6.9	78.5	9.22
	运行期	−1.4	4.3	85.7	32.57	11.0	−10.1	86.9	32.27

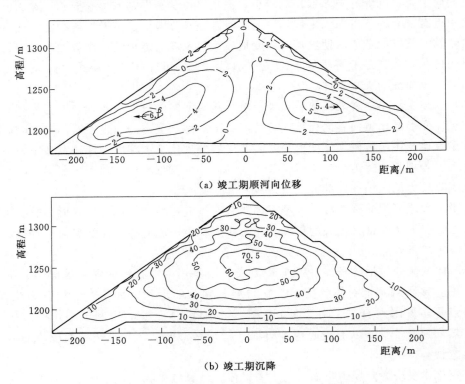

(a) 竣工期顺河向位移

(b) 竣工期沉降

图 5.51（一）　黔中工程河床断面 0+0 变形分布图（单位：cm）

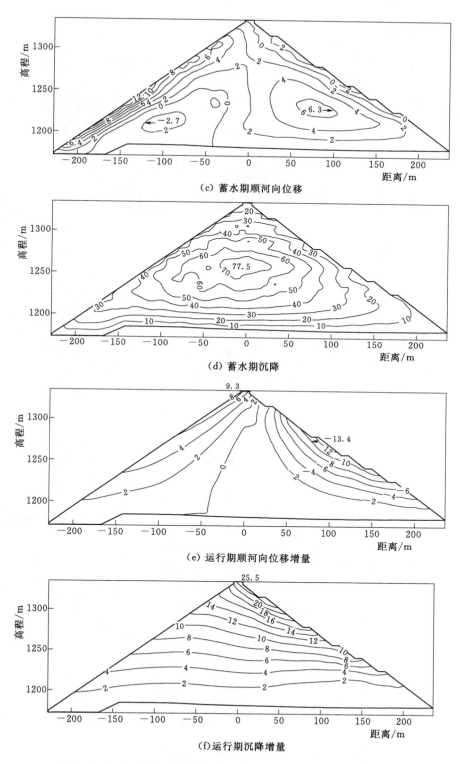

（c）蓄水期顺河向位移

（d）蓄水期沉降

（e）运行期顺河向位移增量

（f）运行期沉降增量

图 5.51（二） 黔中工程河床断面 0+0 变形分布图（单位：cm）

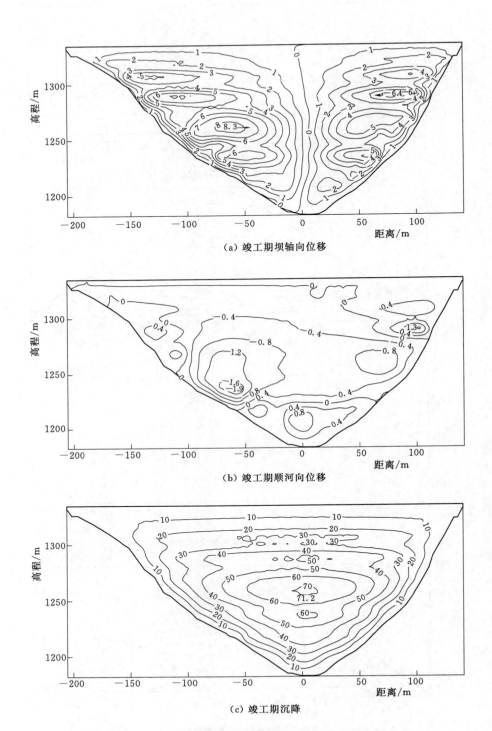

(a) 竣工期坝轴向位移

(b) 竣工期顺河向位移

(c) 竣工期沉降

图 5.52（一）　黔中工程坝轴线纵剖面变形分布图（单位：cm）

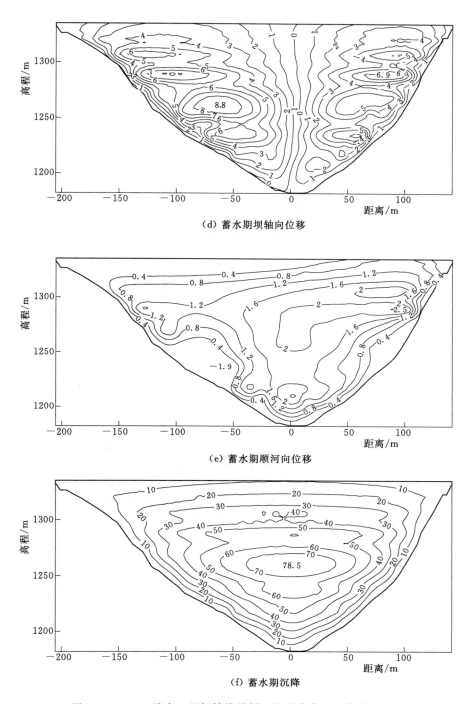

（d）蓄水期坝轴向位移

（e）蓄水期顺河向位移

（f）蓄水期沉降

图 5.52（二）　黔中工程坝轴线纵剖面变形分布图（单位：cm）

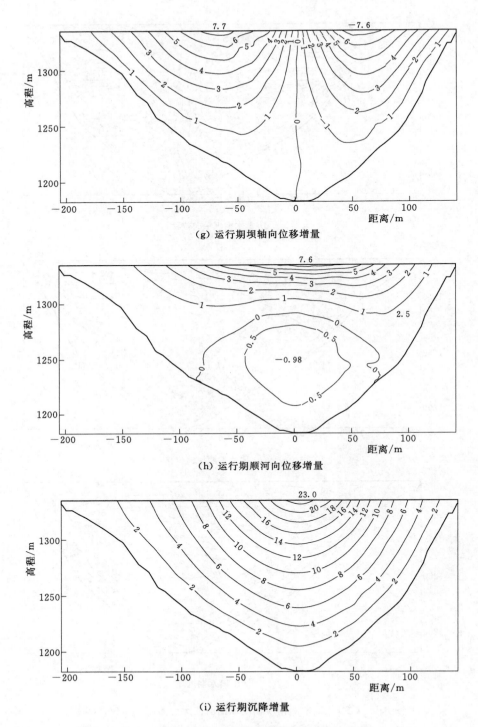

(g) 运行期坝轴向位移增量

(h) 运行期顺河向位移增量

(i) 运行期沉降增量

图 5.52 (三) 黔中工程坝轴线纵剖面变形分布图 (单位: cm)

由国内外已建面板堆石坝的监测情况及有限元计算结果可知，大坝的主要沉降发生在施工期，施工期沉降量约占总沉降量的80％以上，大坝后期沉降约占总沉降量的10％～20％。表5.28给出了国内外部分面板堆石坝沉降监测性态统计值。

表5.28　　　　　　　　国内外部分面板堆石坝沉降监测性态统计

坝　名	坝高 /m	河谷宽高比	施工期沉降量 /cm	总沉降量 /cm	施工期沉降量与总沉降量比值 /%	总沉降量与坝高比值 /%
天生桥一级	178	6.39	301.5	366.1	82.4	2.57
洪家渡	179.5	2.38	127	136	93.4	0.76
三板溪	185.5	2.28	142.5	175.4	81.2	0.95
水布垭	233	2.83	214	250	85.6	1.07
巴贡	202	3.66	227.7			＞1.15
滩坑	162	3.14	73.6	86.8	84.8	0.54
紫坪铺	156	4.20	88.4	94.4	93.6	0.60
阿瓜米尔帕	187		176	198	88.9	1.06
阿利亚	160	5.18	358	377.9	94.7	2.36
吉林台一级	157	2.48	57.5	59.0	97.5	0.38
董箐	150	4.52	78.1	86.1	90.7	0.57
塞格雷多	145	4.97	221.8	238.3	93.1	1.64
公伯峡	132.2	3.25	41.0	53.9	76.1	0.41
引子渡	129.5	2.13		110.0		0.85
塞沙那	110	1.94	45.0	56.4	79.8	0.51
西北口	95	2.34	32.0	36.9	86.7	0.39

施工期坝体应力主要是由坝体自重引起，填筑高度越大，坝内应力越大，主应力等值线形状通常与坝体轮廓线相似。图5.53分别给出了黔中竣工期河床最大断面0+0和坝轴线纵断面大、小主应力等值线分布。最大断面0+0竣工期大、小主应力最大值分别为1.89MPa和0.90MPa，坝轴线纵断面大、小主应力最大值分别为2.08MPa和0.92MPa。从坝轴线纵断面应力等值线图可以看出，由于河谷岸坡的拱效应，堆石坝体与岸坡接触部位有明显应力跌落现象，拱效应造成应力重分布使得坝内应力值明显小于自重，黔中坝内大主应力最大值约为上覆堆石自重压力的0.6倍。

对于河谷宽高比低于2.5的狭窄河谷坝，河谷拱效应明显，坝内应力明显较小，坝体垂直应力与上覆土体自重应力的比值偏低；而对于宽河谷坝，河谷拱效应较为不明显，坝内应力相对较大，坝体垂直应力与上覆土体自重应力的比值相对较高。

蓄水后由于面板堆石坝上游坝面直接承受水荷载，因此与竣工期相比，坝内大、小主应力均有所增加，特别是坝体上游部位，应力增加较为明显，且小主应力增幅要大于大主应力增幅。图5.54所示为黔中蓄水期河床最大断面0+0和坝轴线纵断面大、小主应力等值线分布图。蓄水期，河床最大断面0+0大、小主应力最大值分别增至2.05MPa和1.0MPa，坝轴线纵断面大、小主应力最大值分别增至2.21MPa和0.98MPa。

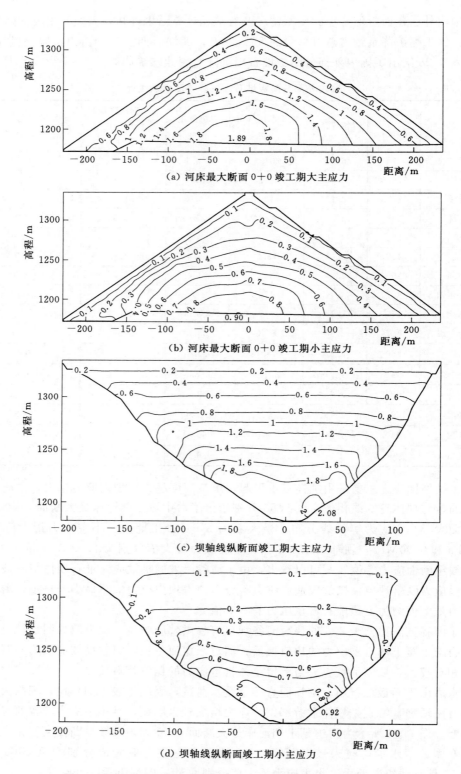

（a）河床最大断面 0+0 竣工期大主应力

（b）河床最大断面 0+0 竣工期小主应力

（c）坝轴线纵断面竣工期大主应力

（d）坝轴线纵断面竣工期小主应力

图 5.53　黔中竣工期典型断面大小主应力分布图（单位：MPa）

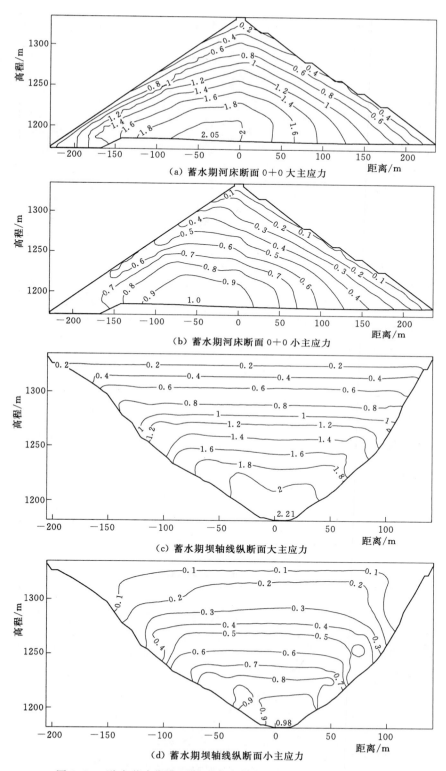

（a）蓄水期河床断面 0+0 大主应力

（b）蓄水期河床断面 0+0 小主应力

（c）蓄水期坝轴线纵断面大主应力

（d）蓄水期坝轴线纵断面小主应力

图 5.54　黔中蓄水期典型断面大小主应力分布图（单位：MPa）

图 5.55 所示为黔中河床最大断面 0+0 和坝轴线纵断面坝体应力水平等值线分布图。

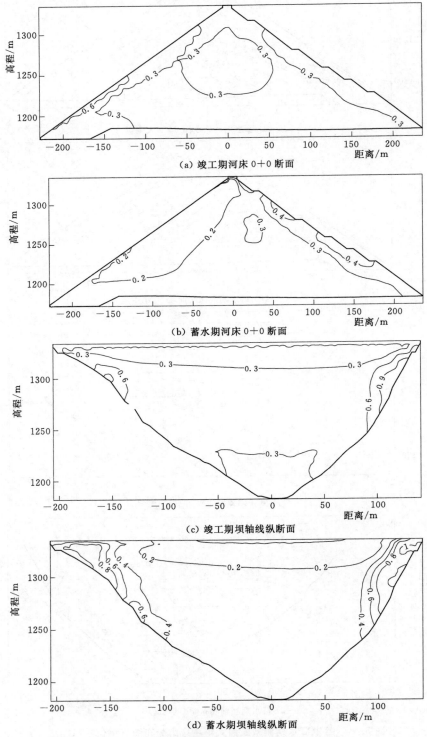

（a）竣工期河床 0+0 断面

（b）蓄水期河床 0+0 断面

（c）竣工期坝轴线纵断面

（d）蓄水期坝轴线纵断面

图 5.55　黔中典型断面坝体应力水平分布图

竣工期面板坝坝内应力水平普遍不高，在 0.6 以内，只是在岸坡与坝体接触部位局部应力水平较高，最大值达到 0.85；蓄水后由于坝体上游面附近小主应力增幅大于大主应力增幅，这导致坝体上游面附近的应力水平显著降低，而蓄水致使坝体与岸坡间的相对变形增大，拱效应使得分界面附近主应力数值减小，方向发生偏转，这导致岸坡与坝体接触部位应力水平有所增大，与岸坡接触部位应力水平较高，甚至可能达到塑性极限 1.0，发生剪切破坏。但该破坏区范围有限，不会对坝体整体安全性造成影响。

5.4.2　面板应力变形性状

　　面板是浇筑在堆石体表面上的混凝土薄板，是堆石坝防渗体系的主要组成部分，其主要作用是向下游的堆石体均匀传递水压并进行防渗。其所承受的荷载主要有自重、库水压力、堆石体对面板的支撑力和摩擦力等。在上述荷载共同作用下，面板必然产生挠曲变形。图 5.56 为面板变形示意。

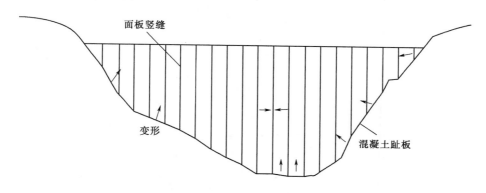

图 5.56　面板变形示意

　　根据有关面板坝数值计算和原观资料的分析，竣工期与蓄水期面板轴向变形和挠度的分布性状大体相同。面板轴向变形表现为由两岸向河床中央变形，左侧面板的水平变形指向右岸，右侧面板的水平变形指向左岸。面板法向变形表现为向坝内变形。若河谷对称，面板变形分布也较为对称，若河谷不对称，面板变形也较为不对称，陡峻侧面板轴向变形相对较小。

　　图 5.57 所示为黔中竣工期和蓄水期面板轴向变形和挠度等值线分布。面板最大挠度在竣工期和蓄水期分别为 4.61cm、23.54cm，均发生在一期面板的顶部。由于河谷不对称且左坝肩相对较缓，在竣工期除右侧一期面板顶部附近变形指向左岸外，大部分面板变形指向右岸，而在蓄水期面板轴向位移基本表现为由两岸向河谷中央变形，竣工期和蓄水期左侧面板指向右岸变形的最大值分别为 0.79cm、2.45cm，右侧面板指向左岸变形的最大值分别为 0.76cm、1.82cm，竣工期最大值均发生在一期面板的顶部，蓄水期最大值则发生在二期面板的顶部。

　　堆石体的流变变形对面板的变形有一定影响。表 5.29 给出了黔中不考虑流变与考虑流变时面板变形计算成果的对比。图 5.58 给出了黔中竣工期、蓄水期和运行期面板的坝轴向位移和挠度等值线分布。图 5.59 给出了黔中运行期面板的坝轴向位移和挠度增量等值线分布。竣工期、蓄水期和运行期面板最大挠度分别为 6.83cm、30.76cm 和 38.18cm，

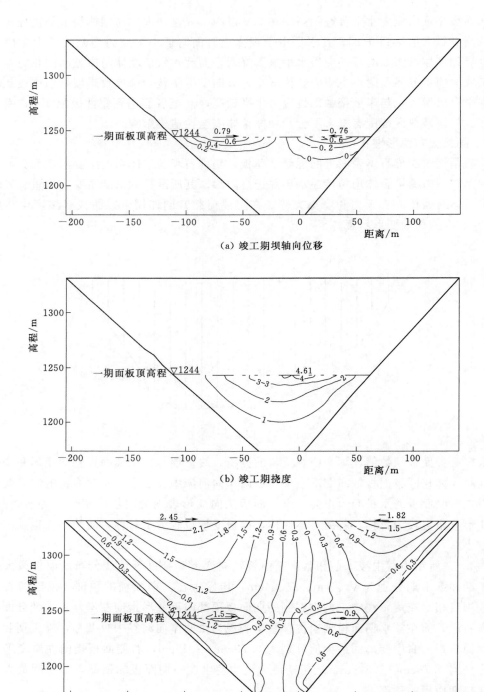

（a）竣工期坝轴向位移

（b）竣工期挠度

（c）蓄水期坝轴向位移

图 5.57（一）　黔中面板轴向变形和挠度等值线分布（单位：cm）

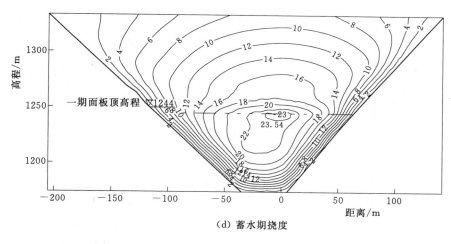

（d）蓄水期挠度

图 5.57（二）　黔中面板轴向变形和挠度等值线分布（单位：cm）

与不考虑流变计算结果相比，考虑流变后蓄水期面板挠度有较大增加。由于流变变形最大值发生在面板顶部，考虑流变后面板顶部的轴向位移和挠度均有较大增加，指向右侧和指向左侧的轴向位移分别增大 5.21cm 和 4.72cm，挠度增大了 20.64cm。

表 5.29　　　　　　　　黔中面板变形计算成果对比　　　　　　　　单位：cm

工　况		坝轴向变形		挠　度	
		向右岸	向左岸	内部	顶部
不考虑流变	竣工期	0.79	−0.76	4.61	—
	蓄水期	2.45	−1.82	23.54	8.78
考虑流变	竣工期	0.93	−0.81	6.83	—
	蓄水期	3.47	−2.88	30.76	11.66
	运行期	8.32	−7.35	38.18	32.30

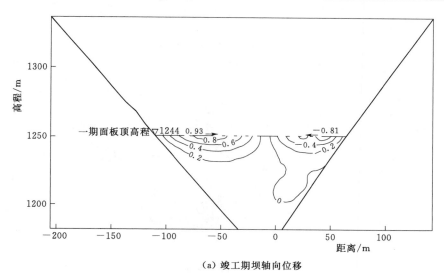

（a）竣工期坝轴向位移

图 5.58（一）　考虑流变时黔中面板变形分布图（单位：cm）

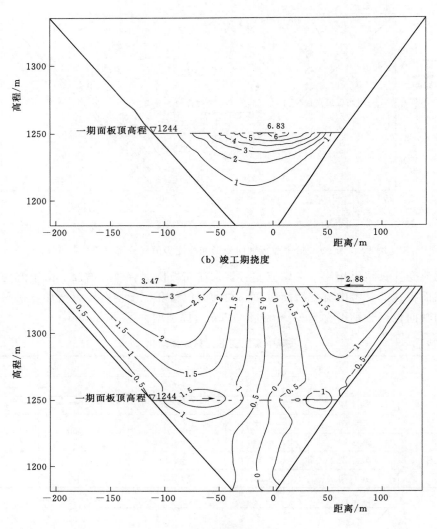

（b）竣工期挠度

（c）蓄水期坝轴向位移

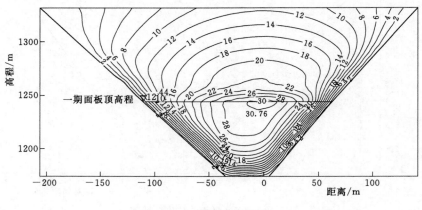

（d）蓄水期挠度

图 5.58（二）　考虑流变时黔中面板变形分布图（单位：cm）

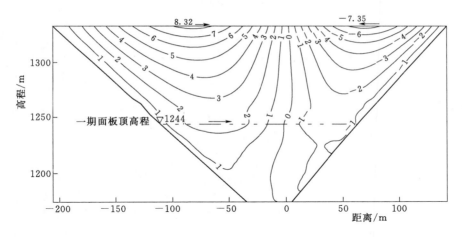

（e）运行期坝轴向位移

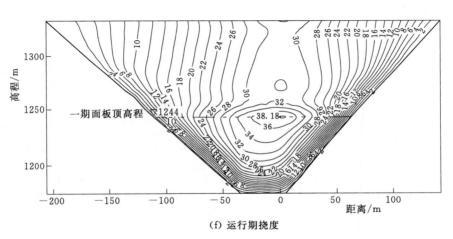

（f）运行期挠度

图 5.58（三） 考虑流变时黔中面板变形分布图（单位：cm）

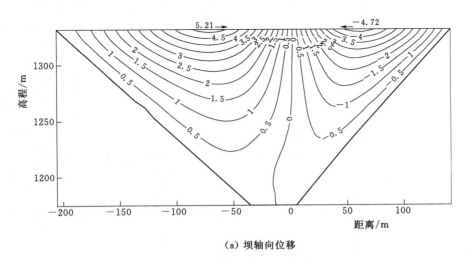

（a）坝轴向位移

图 5.59（一） 黔中运行期面板增量变形分布图（单位：cm）

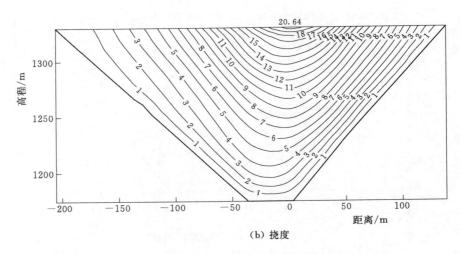

（b）挠度

图 5.59（二） 黔中运行期面板增量变形分布图（单位：cm）

面板的挠度与堆石体的变形、面板混凝土浇筑和分期蓄水过程等密切相关，一般来说堆石坝体变形越大，面板挠度越大。表 5.30 给出了国内部分面板堆石坝面板挠度监测性态。

表 5.30　　　　　　　　　　国内部分面板堆石坝面板挠度监测性态统计表

坝　名	坝高 /m	分期面板顶高程/m				坝体沉降 /cm	面板挠度/cm	
		一期	二期	三期	四期		极值	位置
天生桥一级	178	680.00	746.00	787.30		354.0	81.0	三期
水布垭	233	278.00	340.00	405.00		247.3	57.8	一期
三板溪	185.5	385.00	430.00	478.00		175.4	16.8	三期
洪家渡	179.5	1025.00	1095.00	1142.70		135.6	35.0	三期
滩坑	162	115.00	171.00			81.6	21.5	一期
紫坪铺	156	796.00	840.00	880.40		88.8		
吉林台一级	157	1340.00	1360.00	1385.00	1421.00	73.0	23.4	一期
董箐	149.5	415.00	477.00	491.20		194.5	59.7	二期
珊溪	132.5	108.00	153.30			90.7	20.0	一期
公伯峡	132.2	2006.00				48.7	3.82	一期
引子渡	129.5	1070.00	1088.00			27.8	20.0	一期

面板的挠曲变形，导致面板在轴向和顺坡向均有拉有压。坝轴向的应力主要是坝体向河谷中央的变形、引起对面板的摩擦力而造成的。顺坡向应力主要是在面板自重和库水压力作用下产生的。

当面板挠曲产生的拉应力大于混凝土抗拉强度时，面板就会产生张拉裂缝；当面板受压产生的压应力大于混凝土抗压强度时，面板就会产生挤压裂缝。

图 5.60 所示为黔中竣工期和蓄水期面板应力计算结果。面板轴向应力在河谷中部表

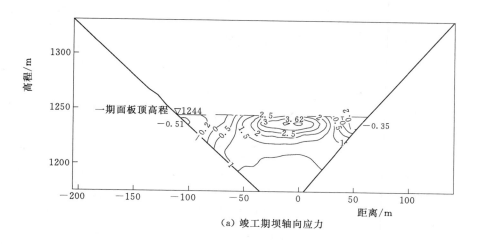

（a）竣工期坝轴向应力

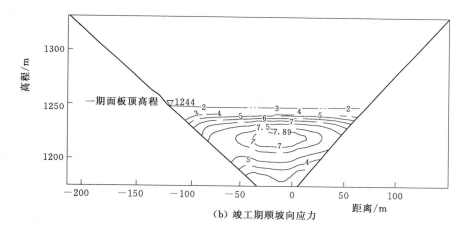

（b）竣工期顺坡向应力

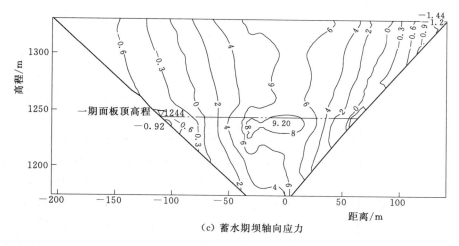

（c）蓄水期坝轴向应力

图 5.60（一） 黔中面板应力分布图计算结果（单位：MPa）

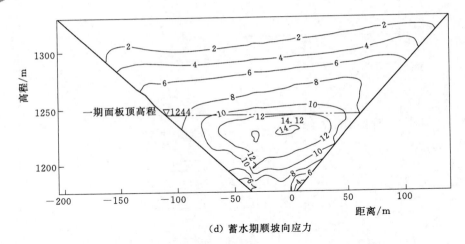

(d) 蓄水期顺坡向应力

图 5.60（二）　黔中面板应力分布图计算结果（单位：MPa）

现为受压，竣工期和蓄水期的最大压应力分别为 3.62MPa 和 9.20MPa，左右侧存在受拉区且蓄水后拉应力值及受拉区域均有较大增加，竣工期和蓄水期的最大值分别为 0.51MPa 和 1.44MPa。面板顺坡向在竣工期和蓄水期均表现为受压，最大压应力分别为 7.89MP 和 14.12MPa，分别位于 0−12 断面 1220m 高程和 0+0 断面 1230m 高程。

　　表 5.31 给出了黔中不考虑流变与考虑流变时面板应力计算结果的对比。图 5.61 所示为考虑流变时黔中面板坝面板应力等值线分布。考虑流变变形后，面板的轴向应力和顺坡向应力均有较大幅度增加，尤其是河谷部位中上部面板的坝轴向应力有明显增加。黔中面板坝运行期面板轴向压应力增大为 22.4MPa，发生在面板顶部，轴向拉应力增大为 2.37MPa，发生在右侧面板的周边缝附近；面板顺坡向最大压应力增大为 17.68MPa。

表 5.31　　　　　　　　　　　黔中面板应力计算结果对比　　　　　　　　　单位：MPa

工　况		顺坡向应力	坝 轴 向 应 力		
			拉应力		压应力
			左侧	右侧	
不考虑流变	竣工期	7.89	−0.51	−0.35	3.62
	蓄水期	14.12	−0.92	−1.44	9.20
考虑流变	竣工期	7.56	−0.58	−0.43	4.37
	蓄水期	15.28	−1.06	−1.58	10.1
	运行期	17.68	−1.63	−2.37	22.4

　　综上可见，蓄水期面板的大部分区域（主要集中在河谷中部面板）呈双向受压状态（顺坡向、坝轴向），局部区域（主要集中在岸坡周边缝附近）承受拉应力；运行期由于后期变形的影响，面板的轴向应力和顺坡向应力均有较大幅度增加，尤其是河床面板中上部的坝轴向压应力有显著增加。由运行期面板应力性状可推断：如果堆石坝体后期变形过大，可能导致面板的应力过大，河床中部面板压性垂直缝可能发生压碎，两端坝肩面板可能发生拉裂，面板中下部可能因顺坡向压应力超标产生裂缝。

　　面板与趾板之间的接缝称为周边缝，面板浇筑在堆石体的上游面，趾板一般浇筑在河床和两岸基岩上，但也可建在覆盖层上。在自重、水荷载等荷载作用下，坝体发生变形，

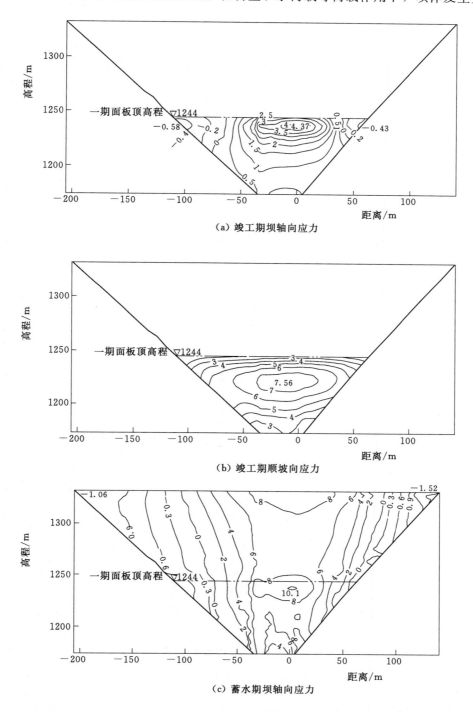

图 5.61（一）　考虑流变时黔中面板坝面板应力等值线分布图（单位：MPa）

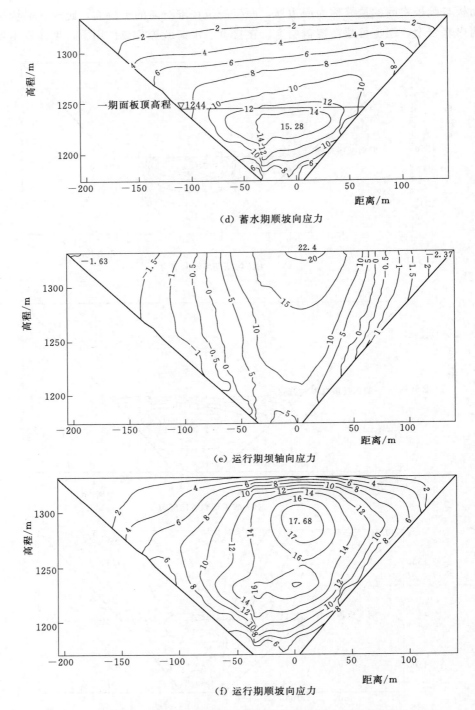

(d) 蓄水期顺坡向应力

(e) 运行期坝轴向应力

(f) 运行期顺坡向应力

图 5.61 (二)　考虑流变时黔中面板坝面板应力等值线分布图 (单位: MPa)

面板也会随之发生挠曲变形, 必将导致面板与趾板发生差异变形, 周边缝的变位即为面板相对趾板的变形。

随着面板的变形，周边缝随之发生三向变位，张拉向变位基本表现为有张有压，以张开为主（主要集中在两岸）；沉陷基本表现为向坝内变形；切向错动基本表现为指向河谷。图 5.62 所示为黔中蓄水期面板周边缝变形计算结果，最大错动为 19.2mm，位于右岸 0+24 断面；最大沉陷为 12.8mm，位于河床 0−24 断面；最大张开 3.0mm，位于右岸 0+64 断面。

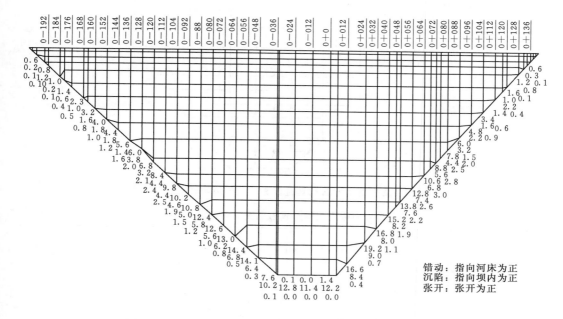

图 5.62　黔中蓄水期面板周边缝变形计算结果（单位：mm）

面板分块之间的接缝称为垂直缝。由于河谷中央面板与坝肩面板的应力变形状态不同，因此不同部位垂直缝的变位表现不同。河谷中央部位面板一般承受压应力，因此该部位垂直缝处于压紧状态；而两岸坝肩的面板一般承受拉应力，因此该部位垂直缝处于张拉状态。图 5.63 所示为黔中蓄水期面板垂直缝变形计算结果。该工程面板垂直缝的变形较小，最大张开变形只有 3.5mm，位于左岸 0−112 断面（1255.6m 高程），垂直缝张拉区与面板轴向拉应力区相似。

混凝土面板堆石坝周边缝和垂直缝位移主要取决于坝体变形。一般来说，坝越高、筑坝材料的变形模量越小（堆石母岩较差、颗粒级配较差、碾压密度较低），坝体变形越大，周边缝和垂直缝位移相应也越大。

堆石体的流变变形对周边缝和垂直缝的变形也有较大影响。考虑流变后周边缝三向变位和垂直缝张开量均有所增大，由于流变变形主要发生在坝体上部，因此对坝体上部的接缝变形影响相对较大。表 5.32 为黔中不考虑流变与考虑流变时面板周边缝与垂直缝变形计算结果对比。考虑流变后，蓄水期和运行期周边缝三向变位最大值分别为：错动 19.0mm 和 19.6mm，沉陷 17.5mm 和 18.0mm，张开 7.2mm 和 7.4mm。蓄水期和运行期面板垂直缝最大张开变形分别为 3.7mm 和 3.8mm。

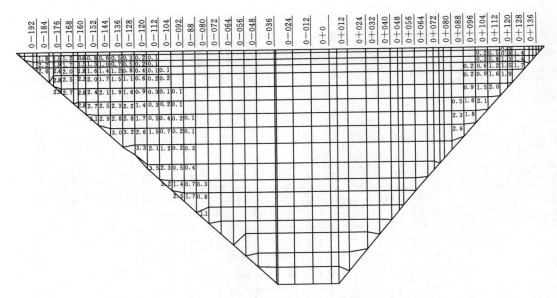

图 5.63　黔中蓄水期面板垂直缝变形计算结果（单位：mm）

表 5.32　　　　　　　黔中面板周边缝与垂直缝变形计算结果　　　　　　单位：mm

工　况		周　边　缝			垂直缝
		错动	沉陷	张开	张开
不考虑流变	蓄水期	19.2	12.8	3.0	3.5
考虑流变	蓄水期	22.8	15.3	4.2	3.9
	运行期	24.4	16.0	4.5	4.1

　　周边缝位移与河谷形状、岸坡坡度及其变化密切相关，一般来说，岸坡陡峻则周边缝位移较大。表 5.33 给出了国内外部分面板堆石坝周边缝和垂直缝位移实测值。

表 5.33　　　　　国内外部分面板堆石坝周边缝和垂直缝变形监测性态统计表

坝　名	坝高 /m	河谷宽高比	岸坡坡角	坝体沉降 /cm	周边缝变位 /mm			垂直缝变位 /mm	
					张开	沉陷	剪切	闭合	张开
天生桥一级	178	6.39	左岸 20°～30°，右岸平均 18°～30°	366.1	20.9	28.5	20.8		32.9
洪家渡	179.5	2.38	左岸陡，右岸 25°～40°	136	13.9	26.6	34.8	5.0	35.0
三板溪	185.5	2.28	左岸 40°～45°，右岸平均 45°～60°	175.4	71.8	50.2	58.6	2.7	11.75
水布垭	233	2.83	左岸 52°，右岸平均 35°	250	13	45.7	43.7	6.7	18.7
巴贡	202	3.66	两岸 25°～60°	227.7	36.7	16.6	15.6		

坝　名	坝高/m	河谷宽高比	岸坡坡角	坝体沉降/cm	周边缝变位/mm			垂直缝变位/mm	
					张开	沉陷	剪切	闭合	张开
滩坑	162	3.14	左岸 35°～50°，右岸 45°～52°	86.8	13.8	39.8	11.8	3.4	8.4
紫坪铺	156	4.20	左岸 40°～50°，右岸平均 20°～25°	94.4	15.2	10.8	27.4	11.5	8.0
阿瓜米尔帕	187			198	19.1	15.95	5.51		8.05
阿利亚	160	5.18		377.9	23	55	25		
吉林台一级	157	2.48	两岸 35°～45°	59.0	11.9	35.1	3.5	2.7	8.16
董箐	150	4.52	左岸 35°，右岸 25°～28°	86.1	18.4	34.3	20.8	5.2	12.3
九甸峡	136.5	1.7	两岸 70°～80°	133.5	42.7	61.9	49		
公伯峡	132.2	3.25	左岸 30°，右岸 40°～50°	53.9	26.1	45.4	21.4	11.0	2.3
引子渡	129.5	2.13	左岸 70°～80°，右岸平均 45°	110.0	24.7	26.0	30.7	—	<2.0
塞沙那	110	1.94		56.4	11	—	7		
西北口	95	2.34		36.9	14	25	5		

　　狭窄河谷由于存在河谷拱作用，坝体的变形总体上比较小。但是坝体与岸坡之间较大的相对变形，往往对混凝土面板及面板周边缝止水结构产生不利的影响。

　　在堆石坝的三维有限元计算中，对岸坡边界处坝体结点通常按固定约束处理，不考虑岸坡处堆石坝体可能产生的滑移。而对于狭窄河谷而言，坝体与岸坡之间接触特性对坝体的应力变形有较为明显的影响。若岸坡陡峭，坝体与岸坡之间可能产生较为明显的相对位移。羊曲下坝址面板坝河谷宽高比仅为 0.76，最大坝高 191m，若按坝体与岸坡之间没有相对位移处理，计算出的河床断面 0+83.0 竣工期、蓄水期沉降极值分别为 46.2cm、48.5cm，蓄水期面板挠度极值为 19.1cm，周边缝三向位移的最大值分别为：张开 14.3mm，沉陷 18.5mm，切向错动 31.6mm；若考虑体与岸坡之间的相对位移，计算出的最大断面 0+83.0 竣工期、蓄水期沉降极值分别增至 53.8cm、57.8cm，增幅分别为 16.5%、19.2%，蓄水期面板挠度极值为 22.7cm，增幅为 18.8%，周边缝三向位移的最大值分别为：张开 14.5mm，沉陷 22.2mm，切向错动 38.3mm，增幅分别为 1.3%、20.0%、21.2%。考虑堆石坝体与岸坡间的相对位移时，羊曲下坝址坝轴线纵断面变形、面板蓄水期变形和周边缝变形分别如图 5.64～图 5.66 所示。

　　在不考虑坝体与岸坡之间相对位移的情况下，坝体、面板和面板周边缝的变形都偏小。所以，对于狭窄河谷土石坝坝体应力变形的计算，合理模拟坝体与河谷之间的相互作

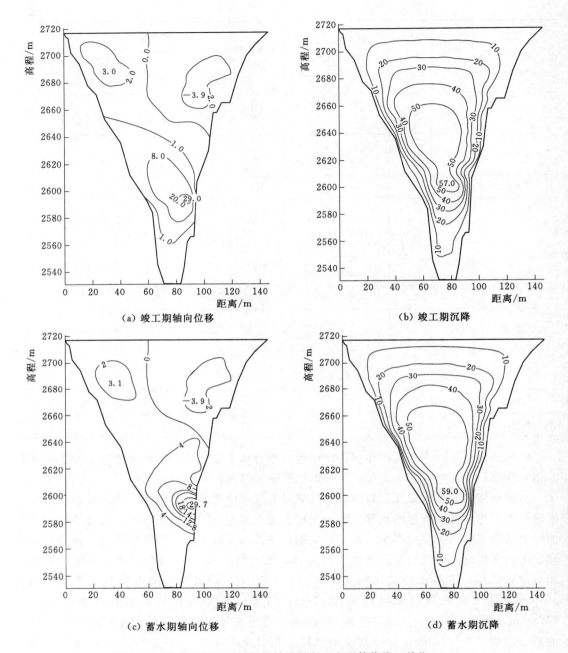

（a）竣工期轴向位移

（b）竣工期沉降

（c）蓄水期轴向位移

（d）蓄水期沉降

图 5.64　羊曲下坝址面板坝坝轴线纵断面变形等值线（单位：cm）

用是非常必要的。岸坡越陡，堆石坝体相对于岸坡的切向变形越大，受其影响，坝坡附近的混凝土面板也就很容易出现受拉状态，导致面板出现拉裂缝。

综上可知，控制坝体与河谷岸坡之间的相对变形，可以达到减小坝体变形、改善面板应力变形及面板周边缝位移的目的。因此，对于狭窄河谷面板坝，建议在岸坡附近设置一定厚度的增模区。

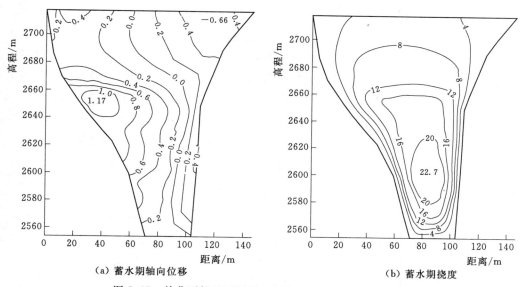

（a）蓄水期轴向位移　　　　　　　　　　　　（b）蓄水期挠度

图 5.65　羊曲下坝址面板坝面板变形等值线（单位：cm）

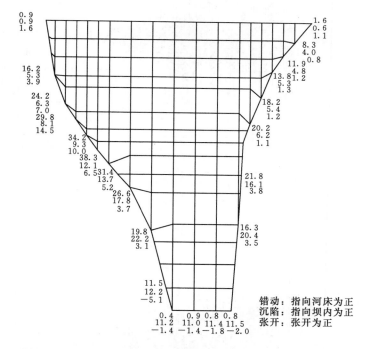

错动：指向河床为正
沉陷：指向坝内为正
张开：张开为正

图 5.66　羊曲下坝址面板坝面板周边缝蓄水期变位（单位：mm）

5.5　黔中面板堆石坝动力反应及残余变形

　　地震动输入是工程结构抗震分析的基础。地震动的要素包括地震动峰值、频谱特性和持时，这三个要素均对建筑物的地震反应起着决定性的影响作用，而地震动峰值加速度和频谱特性是抗震设计和计算的最主要两个考虑因素。这两个因素在我国的抗震设计规范中已有明确的规定，且对重要工程场址可以采用以概率理论为基础的地震危险性分析确定。

黔中设计地震均采用 100 年超越概率 2‰地震。地震动参数见表 5.34，相应合成的 3 条随机、互不相关的地震加速度时程曲线如图 5.67 所示。目前对 3 条样本曲线的用法没有明确的规定，一般工程界将 3 条曲线分别代表一个方向地震动。由于 3 条加速度时程基于同一反应谱，因此大坝动力反应和残余变形规律大体相同，黔中以第 1、第 3、第 2 条曲线分别作为轴向、顺河向和竖向地震动计算结果为代表，说明坝体动力反应及残余变形性状。

表 5.34 设计地震动参数（100 年，2‰）

坝名	A_m/gal	β_m	T_0	T_1	T_g	C
黔中	138.6	2.5	0.04	0.1	0.45	1.0

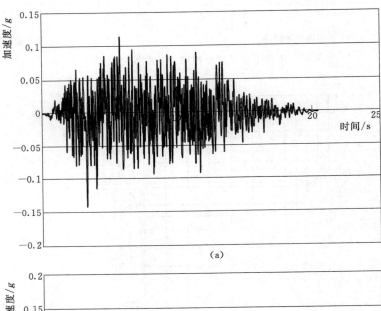

(a)

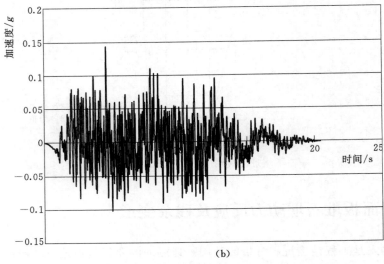

(b)

图 5.67（一） 黔中 100 年超越概率 2‰地震加速度时程曲线

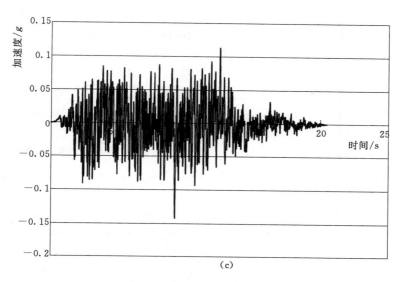

图 5.67（二）　黔中 100 年超越概率 2%地震加速度时程曲线

5.5.1　地震反应加速度

图 5.68 所示为黔中面板坝河床断面 0+0 顺河向和垂直向动力反应加速度放大倍数等值线分布图。相应于输入的基岩峰值加速度，大坝最大坝轴向、顺河向和垂直向反应加速度放大倍数分别为 2.56、3.19 和 3.52，分别位于 0+120 剖面、0+0 剖面、0+0 剖面坝

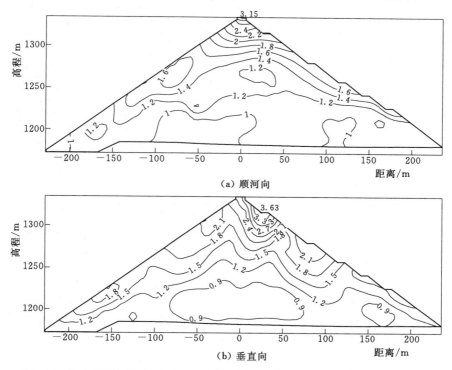

图 5.68　黔中面板坝河床断面 0+0 最大动力反应加速度放大倍数等值线分布图

顶附近，相对3个方向而言，坝体加速度反应在顺河向最为强烈。随着高程的增加，高频波被吸收，振动周期变长，与大坝主振频率更为接近，大坝动力反应也越大，在坝顶部40m的范围内坝体的加速度放大系数迅速增加，地震的"鞭梢"效应明显。另外，除河谷部位坝顶动力反应较大外，河谷部位临近坝坡的表面也较大，对上游坝坡，在水荷载作用下其球应力较大，导致动剪切模量较大因而动力反应也较大，而对下游坝坡，虽然其球应力较小，但由于其处于自由临空面，因而也表现了较大的动力反应。

5.5.2 地震残余变形

可见地震永久变形总体上表现为收缩，其中垂直向地震永久变形表现为震陷，最大值为16.74cm，位于0+96剖面的坝顶部位，顺河向永久变形表现为下游向变形，最大值为12.85cm，位于0+0剖面上游坡靠近坝顶的部位。坝轴向永久变形表现为向河谷方向挤压，指向右岸最大值为2.9cm，位于0−168剖面的坝顶，指向左岸最大值为4.43cm，位于0+131.32剖面的坝顶。图5.69给出了该工程河床断面0+0的顺河向、垂直向地震永久变形等值线分布和震后有限元网格变形图。

表5.35给出了部分面板堆石坝震陷统计结果。从已收集到的震陷量来看，面板堆石坝的震陷量均不超过坝高的1%，例如智利科高蒂面板坝（85m）在1943年地震中的震陷量为0.44%，未造成面板坝严重破坏；紫坪铺面板坝（156m）在"5·12"汶川地震中的震陷量达到0.63%，面板虽发生了大面积脱空、二三期面板施工缝错台、垂直缝挤压破坏等较为严重的破坏，但并未导致面板坝溃决。

表5.35   部分面板堆石坝震陷统计结果

坝　名	国别	坝高/m	坝宽高比	地震日期	震级	距离震中距离/km	PGA/g	震陷/m	震陷比/%	破坏程度
科高蒂	智利	85	1.9	1943−05−06	7.9	89	0.2[①]	0.38	0.44	轻微
皆濑	日本	67	3.1	1965−06−16	7.5	145	0.08[①]	0.06	0.09	轻微
科格斯韦尔	美国	81	2.5	1995−01−17	6.7	53	0.1[①]	0.02	0.026	轻微
科高蒂	智利	85	1.9	1997−10−14	7.6	45	0.23[①]	0.25	0.302	中度
圣胡安娜	智利	113（19）	3.5	1997−10−14	7.6	260	0.03	0.02	0.015	无
托拉塔	秘鲁	120	5.0	2001−06−23	8.3	100	0.15[①]	0.05	0.042	轻微
紫坪铺	中国	156	4.1	2008−05−12	8	17	>0.5[①]	≈1.0	0.63	严重

① PGA（地震峰值加速度）为估计值；坝高中括号内数值为覆盖层厚度。

地震过程中面板板内应力呈动态变化。图5.70所示为设计地震过程中黔中面板板内坝轴向和顺坡向最大拉、压应力等值线分布。由图5.71可见，坝轴向动应力分布以面板底部最小，顶部最大，两侧又比河谷部位大；顺坡向动应力分布以面板底、顶部面板较小，中上部较大。坝轴向动拉应力最大值为6.59MPa，动压应力最大值为5.97MPa，均发生在右坝肩面板的顶部；顺坡向动拉应力最大值为5.06MPa，发生在0−12断面的1298.4m高程，动压应力最大值为3.70MPa，发生在0+12断面的1307.5m高程。

黔中面板应力静动应力叠加图如图5.71所示。由图5.71可见，叠加后坝轴向面板最大拉应力发生在右岸坝肩部位，最大值达到7.92MPa，最大压应力发生在0+12断面的

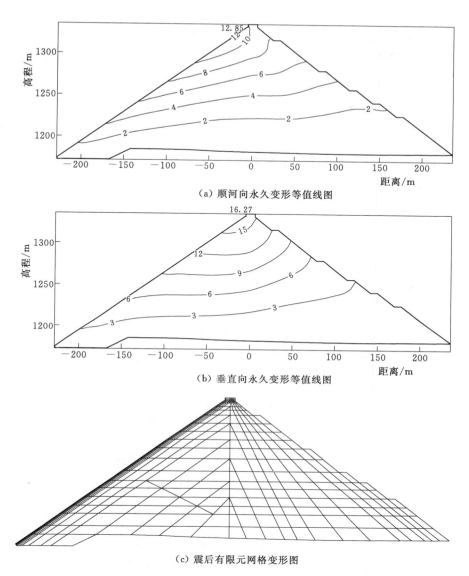

（a）顺河向永久变形等值线图

（b）垂直向永久变形等值线图

（c）震后有限元网格变形图

图 5.69　黔中河床断面 0+0 永久变形等值线分布和震后有限元网格变形图

1232m 高程，最大值达到 10.96MPa；叠加后顺坡向面板最大拉应力发生在 0—24 断面的 1307.5m 高程，最大值达到 2.85MPa，最大压应力发生在 0—36 断面的 1208.7m 高程，最大值达到 15.78MPa。

　　地震情况下面板顶部顺坡向净拉应力以及左右两侧面板上部坝轴向净拉应力较大，已超出混凝土的允许范围，出现拉裂破坏的可能性较大。对于压应力而言，考虑到动态情况下混凝土的强度比静态情况下高 30% 左右，面板净压应力在混凝土材料的允许范围内，出现压裂破坏的可能性较小。

　　应该指出，无论在顺坡向还是在坝轴向，净拉应力较大的区域位置都位于面板上部，因此，虽然地震情况下面板出现拉裂缝的可能性较大，但修复较为方便。

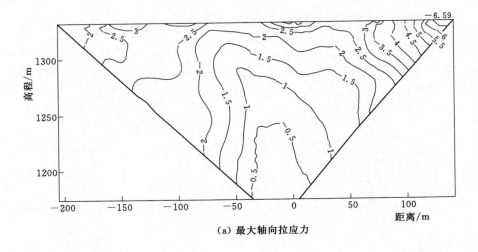

(a) 最大轴向拉应力

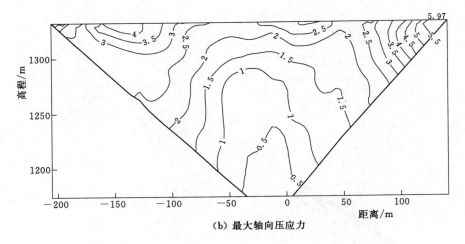

(b) 最大轴向压应力

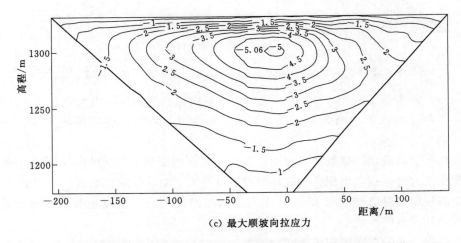

(c) 最大顺坡向拉应力

图 5.70（一） 设计地震过程中黔中面板板内最大动应力等值线分布（单位：MPa）

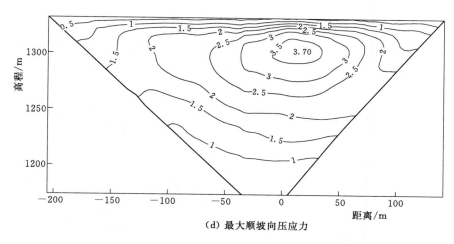

（d）最大顺坡向压应力

图 5.70（一）　设计地震过程中黔中面板板内最大动应力等值线分布（单位：MPa）

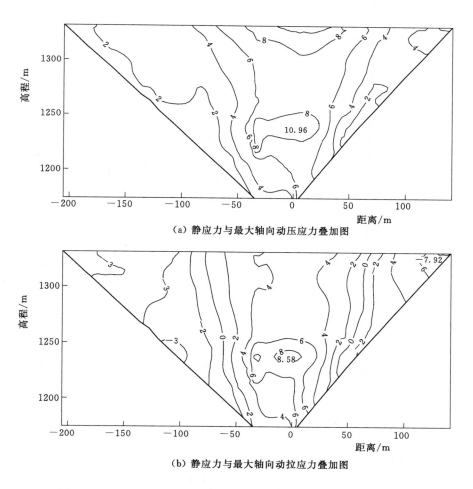

（a）静应力与最大轴向动压应力叠加图

（b）静应力与最大轴向动拉应力叠加图

图 5.71（一）　黔中混凝土面板应力静动应力叠加图（单位：MPa）

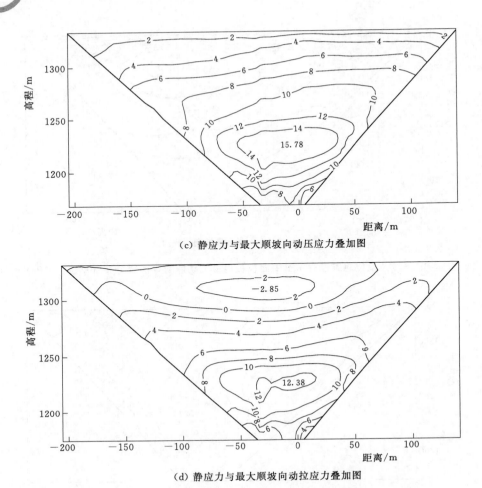

（c）静应力与最大顺坡向动压应力叠加图

（d）静应力与最大顺坡向动拉应力叠加图

图 5.71（二）　黔中混凝土面板应力静动应力叠加图（单位：MPa）

　　面板自身不会产生永久变形，其永久变形为堆石坝体的地震残余变形对面板的附加变形。地震结束后黔中面板变形分布如图 5.72 所示，地震引起的面板变形分布如图 5.73 所

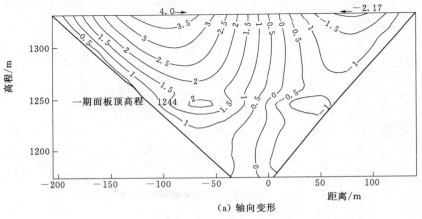

（a）轴向变形

图 5.72（一）　地震结束后黔中面板变形分布（单位：cm）

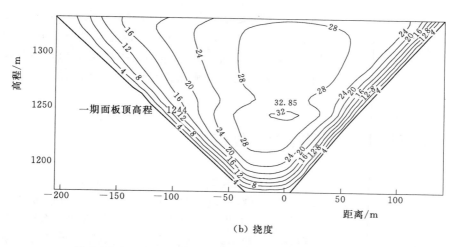

（b）挠度

图 5.72（二） 地震结束后黔中面板变形分布（单位：cm）

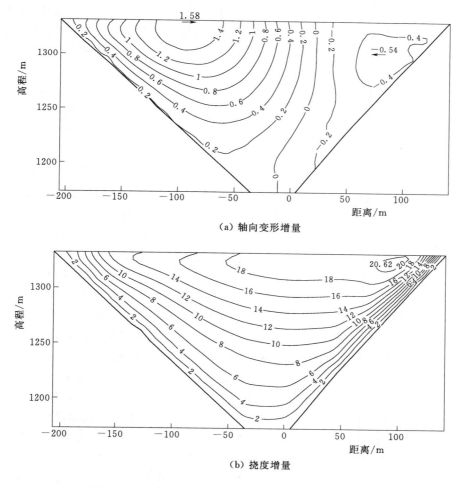

（a）轴向变形增量

（b）挠度增量

图 5.73 黔中地震引起的面板变形分布（单位：cm）

示。由于受坝体永久变形的影响，面板挠度分布规律与地震前有较大不同，挠度最大值发生在河谷部位 0＋0 剖面的 1244.60m 高程，为 32.85cm，较之于地震前面板最大挠度 23.54cm 增大了 40％。面板轴向位移仍旧表现为由两岸向河谷中央变形，左侧面板最大位移为 4.0cm，位于 0－96 剖面的面板顶部，右侧面板最大位移为 2.17cm，位于 0＋80 剖面的面板顶部。

5.6　黔中面板坝体变形控制工程措施

（1）根据有限元分析结果，针对坝体的变形提出以下的控制措施：

1）通过对平寨混凝土面板堆石坝的静动力反应分析，根据坝体不同断面的分析结果，坝顶的沉降较为严重，加速度在河床上方的坝顶表现出突然放大的现象，有明显的"鞭梢效应"。坝顶加速度放大系数达到较高的数值；坝体在地震中的沉陷比水平位移大，地震变形的主要形式是震陷。因此，在设计时应考虑适当的预留超高。

平寨混凝土面板堆石坝根据有限元应力应变分析成果，蓄水期的坝顶沉降值为 35cm，考虑坝体堆石运行期蠕变的影响，根据有限元应力应变分析成果，蓄水期坝顶沉降值为 35cm。结合坝体变形经验计算成果，桩号横左 0－065.000～横右 0＋040.000 河床坝段的坝顶竣工后的预留沉降超高采用 35cm，其余左岸、右岸岸坡坝段按 0～35cm 直线变化，预留沉降超高采用坝顶细石填料超填方式。

2）由于坝顶及坝顶附近下游坡区域的加速度绝对值较大，堆石存在局部松动、滑落的可能性，设计坝后为干砌块石护坡，厚度为 0.5m，坝顶以下 20m 范围内采取浆砌石护坡的抗震防护。

3）为了减小坝体竖向变形和沉降，坝体的填筑材料主要采用新鲜坚硬的灰岩石料，并采用振动碾压的方式进行压实。对堆石料、过渡料和垫层料进行了现场碾压试验，经高档振动碾压 8 遍后的主堆石料的干密度 2.164g/cm³、孔隙率为 19.85％、渗透系数为 2.56×10⁻¹；经高档振动碾压 8 遍后的过渡料干密度为 2.243g/cm³、孔隙率为 16.83％、渗透系数为 2.04×10⁻²；经低档振动碾压 8 遍后垫层料干密度为 2.263g/cm³、孔隙率为 16.19％、渗透系数为 2.05×10⁻³。通过碾压试验确定堆石料的级配、干密度、沉降测量以及渗透系数与设计值基本一致，保证了填筑材料的压实程度。平寨水库面板坝在坝料碾压过程对主堆石区和下游堆石区（次堆石区）采用了相同的碾压标准，控制坝体的不均匀沉降，并在振动碾上安装 GPS 监测仪，对堆石体的压实过程进行全程监测，保证碾压质量。

4）为减小坝体变形，同时加强地基处理。地基开挖时禁止超挖和欠挖，对于开挖揭露的不良地质如软弱夹层、溶洞溶槽、节理裂隙等，设计采取局部扩挖、追踪后以 C15 混凝土回填置换处理，包括前期勘探平硐。在开挖过程中坝基两岸揭露 KS2、KS7＋、KS109 等渗水点采取扩挖、清理、预埋排水管、洞口混凝土封堵等措施进行处理。

坝轴线上游两岸堆石地基的岸壁按不陡于 1∶0.5 边坡开挖，右岸坝轴线上游多为陡岩，在坝体填筑前采用 C6 干贫混凝土补坡。主堆石区与两岸岸坡接合部采用 2m 宽的过渡料铺填，要求尽可能使振动碾沿岸坡方向进行碾压，碾压不到的局部区域采用打夯机夯实或小型振动碾压实，同时保持合理洒水量，保证碾压质量。

（2）平寨混凝土面板堆石坝的抗震分析中，随着地震荷载的增加面板的变形也变大，通过对面板进行应力分析，面板的破坏主要为两岸向中部的挤压破坏。为了减小面板应力，平寨面板堆石坝的面板采取了一系列改善面板应力的工程措施：

1）面板在水荷载以及地震荷载的作用下，中部主要以压应力为主而左右两侧岸坡附近以拉应力为主，一旦应力超过面板的抗拉压强度则会出现较大裂缝。因此，在面板中部设置 7 条压性缝，而在左右两侧的拉应力区共设 33 条张性缝，并在挤压应力较大的区域采用压缩模量较低的止水材料来避免应力集中现象。张拉垂直缝处会出现张开变位，除设置底部止水外还需要设置顶部止水。平寨混凝土面板堆石坝的垂直缝都按照张拉缝的标准进行设置。在底部设置"W2、W1"型止水铜片，表层为 ϕ50PVC 棒嵌入 V 形槽内后用三元乙丙复合橡胶板包裹 GB 填料封闭。

由于平寨混凝土面板堆石坝处于狭窄河谷中，河谷形状对面板受力极不利。周边缝位于面板和趾板两种变形性质相差较大的分界面上，变形规律比较复杂，是面板防渗体系中的薄弱环节，也是可能漏水的主要部位。周边缝止水材料需满足在水压力作用下和接缝位移在错动 10.5mm、沉陷 9.3mm、张开 4.7mm 的作用下不发生破坏。其构造具有适应水平、垂直位移及转动的特点，避免产生张拉、渗透和剪切破坏。根据以往的工程经验，在周边缝底部采用 F 型止水铜片，表面以 ϕ80PVC 棒嵌入 V 形槽内，波形橡胶止水带固定在其上部，再用三元乙丙复合橡胶板包裹 GB 填料覆盖在上面，最后再将充满粉煤灰的不锈钢保护罩安装在最外层，起到防渗自愈、充填止水效果。

2）根据面板的受力特性及变形机理，对面板混凝土性能进行改善。对面板混凝土的基准配合比进行试验优选，得到满足混凝土技术指标的最优配合比。面板混凝土采用二级配 C30 混凝土，抗渗等级为 W12、抗冻等级为 F100，坍落度为 67mm，劈裂抗拉强度 28d 的试验龄期为 3.039MPa，7d 和 28d 试验龄期抗压强度分别为 26.9MPa 和 39.8MPa，抗压模量为 33.7Gpa。

在混凝土的最优配合比实验中添加聚丙烯纤维，改变混凝土的脆性弱点。聚丙烯纤维的变形模量与硬化初期混凝土接近，能有效地防止混凝土早期裂缝的产生，并且阻止裂缝的形成和发展，同时提高混凝土的防渗和抗冻性，减小其弹性模量增加其拉伸极限值。

3）为提高面板整体性和抗拉压能力，对混凝土面板布设双层钢筋，保证面板有一定的柔性，使面板在水压力、地震荷载以及温度应力作用下产生较小的弯曲应力。平寨混凝土面板坝面板为变厚度面板，面板底部最大厚度为 0.832m，充分发挥钢筋靠表层布置有利于限裂的特性，面板坝采用双层双向网状配筋。面板混凝土在竣工期主要受坝体变形的影响，在河谷中部以受压为主，两岸受拉区在蓄水后有明显增大，因此，在面板的局部区域如周边缝、垂直缝等应力较大的区域加强配筋，增加结构的强度。

4）为了降低面板的挤压应力，采用挤压边墙的施工方法保护施工期的临时度汛及垫层料。挤压边墙能够减小面板周边区域的拉应力峰值，改变面板受力，减小面板集中变形，并且能够在一定程度上减小缝位移。在施工时，为了尽量减小挤压边墙对面板混凝土的约束，沿面板垂直缝方向将挤压边墙凿断。挤压边墙凿断后，虽然失去了自身整体性，但可以更好地适应堆石体的变形。浇筑面板时割除插入挤压边墙内的架立筋，尽量减小挤压边墙对面板的约束，同时保证挤压边墙表面平整，不存在过大的起伏、局部深坑或尖角，为面板提供一个平整的支撑面。

5.7　坝体运行性状监测

为了在工程施工期和运行期对堆石体、混凝土面板、周边缝、渗流以及左岸帷幕效果进行监测，结合《土石坝安全监测技术规范》（SL 551—2012）所规定的监测项目，确定以面板、堆石体、坝体坝基渗流监测及左岸帷幕效果监测为主，以混凝土面板应力应变为辅进行大坝的监测项目设置。

主要监测项目包括：①变形监测：包括表面变形、内部变形、结构缝开合度、面板挠度变形、面板与垫层料之间的脱空等，主要的监测手段有视准线法和前方交会法、精密水准法，在堆石体内布置水平位移计、沉降仪，周边缝及竖直缝测缝计、面板与垫层料之间布置脱空计、面板表面布置挠度计；②渗流监测：包括坝基、坝体渗漏量观测，坝基渗流压力监测，周边缝止水效果监测、帷幕效果监测等，主要监测手段有布设量水堰、埋入式渗压计、测压管等；③压力（应力）监测：包括混凝土面板应力、堆石体压力监测，主要的监测手段为埋设应变计、无应力计、钢筋计、土压力计等。本节整理了平寨水库从施工期到水库首次蓄水期间的监测资料。

5.7.1　坝体变形

大坝共选取坝横 0−007.5、坝横 0+065.0、坝横 0−100.0 断面布置水管式沉降仪观测坝体沉降变化情况。2016 年 6 月 10 日实测各横断面和坝轴线剖面不同高程坝体沉降量的分布情况详见表 5.36～表 5.38 和图 5.74～图 5.77。

表 5.36　　　　　　　　　　坝横 0−007.5 断面测点累计沉降量统计表

高程/m	阶段	桩　号								
		0−183	0−134	0−086	0−044	0+000	0+035	0+080	0+120	0+160
1331.50	施工期					0				
	蓄水期					25				
	累计					25				
1302.50	施工期				271.1	400	324.8			
	蓄水期				20.1	17.1	10.1			
	累计				291.2	417.1	334.9			
1272.50	施工期			375.6	539	610.3	511.9	259.2		
	蓄水期			10.4	17.4	11.4	19.4	8.4		
	累计			386	556.4	621.7	531.3	267.6		
1242.00	施工期		356.8	536.1	786.4	810.6	645.2	476.7	262.1	
	蓄水期		11.2	6.2	20.2	15.2	16.2	5.2	4.2	
	累计		368	542.3	806.6	825.8	661.4	481.9	266.3	
1207.00	施工期	—	435.8	—	489.7	509.6	481.9	450.2	290.8	188.2
	蓄水期	—	14.5	—	5.3	7.3	12.3	7.3	6.3	3.3
	累计	—	450.3	—	495	516.9	494.2	457.5	297.1	191.5

表 5.37   坝横 0+065.0 断面测点累计沉降量统计表

高程/m	阶段	桩 号						
		0−134	0−086	0−044	0+000	0+035	0+080	0+120
1331.50	施工期				0			
	蓄水期				20.35			
	累计				20.35			
1302.50	施工期			238.7	344.6	276.7		
	蓄水期			19.6	18.6	11.6		
	累计			258.3	363.2	288.3		
1272.50	施工期		262	428.1	478.6	407	204.3	
	蓄水期		26.8	20.8	13.8	18.8	10.8	
	累计		288.8	448.9	492.4	424.8	215.1	
1242.00	施工期	176.5	317	458.7	441.3	414.8	259.8	47.1
	蓄水期	37.4	25.4	13.1	14.4	13.4	12.4	10.4
	累计	213.9	342.4	471.8	455.7	428.2	272.2	57.5

表 5.38   坝横 0−100 断面测点累计沉降量统计表

高程/m	阶段	桩 号				
		0−086	0−044	0+000	0+035	0+080
1331.50	施工期			0		
	蓄水期			12.65		
	累计			12.65		
1302.50	施工期		167.6	270.5	166.7	
	蓄水期		14.3	15.3	5.3	
	累计		181.9	285.8	172	
1272.50	施工期	114.1	196.1	271.7	205	10.3
	蓄水期	6.8	6.9	6.8	3.9	16.9
	累计	120.9	203	278.5	208.9	27.2

坝体的垂直位移在空间分布上有以下特点：

（1）坝轴线断面，河床断面沉降量大于左岸、右岸，符合一般面板堆石坝的沉降规律；左岸沉降量小于右岸，这与该断面处于山脊坝体下覆厚度较小有关。

（2）水库于 2015 年 4 月 14 日下闸蓄水至 2016 年 6 月 10 日，库水位蓄至 1304.72m，库水位上升了 114.20m，坝轴线测点实测坝体最大沉降量为 82.58cm，出现在 1/3~1/2 坝高部位（1242.00m 高程），与同类面板堆石坝沉降最大位置基本相符。

（3）2015 年 4 月 14 日下闸蓄水至 2016 年 6 月 10 日，水库水位升高了 114.20m。在此期间实测坝体沉降量右坝段最大，大坝中部沉降次之，左坝段沉降最小；同一高程坝轴线以上测点沉降量普遍较坝轴线下游测点大，基本符合蓄水后坝体沉降规律。右坝段沉降

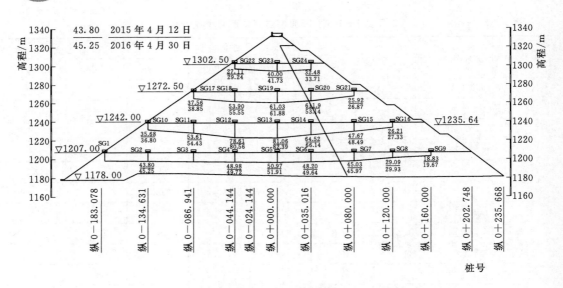

图 5.74　坝横 0—7.5 断面测点累计沉降量分布图（单位：cm）

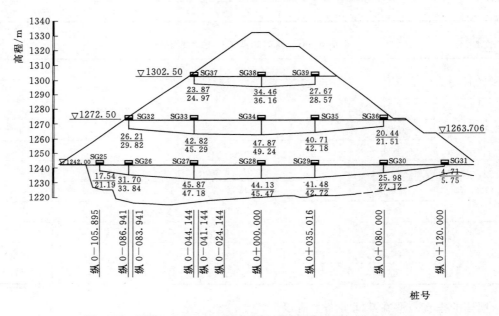

图 5.75　坝横 0+065 断面测点累计沉降量分布图（单位：cm）

量相对较大，究其原因，是右岸岸坡相对较陡，施工期沉降速率较慢，蓄水期受到水荷载的作用后，加速坝体沉降所致，该坝段蓄水期沉降量占总沉降量的比例也较其余坝段大约在 2.8%～17.5% 之间。目前水库尚未蓄水至正常高水位，后期随库水位继续上升，该部位沉降量仍有加大趋势。

5.7.2　面板变形及应力应变

大坝面板共安装埋设了 3 组两向应变计组，6 组三向应变计组。应变计组取终凝附近时段的测值为基准值，混凝土的膨胀系数取无应力计降温时段的温度及应变，按最小二乘

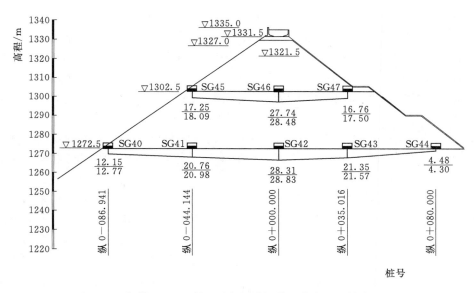

图 5.76　坝横 0－100 断面测点累计沉降量分布图（单位：cm）

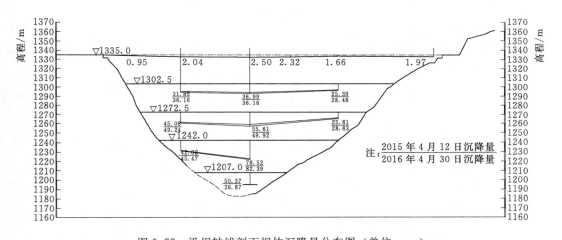

图 5.77　沿坝轴线剖面坝体沉降量分布图（单位：cm）

法进行计算而得。从面板混凝土线膨胀系数成果来看，不同部位混凝土线膨胀系数并不完全一致，线膨胀系数为 $5.59\sim8.72\mu\varepsilon/℃$，基本在 $5.0\sim10\mu\varepsilon/℃$ 的范围内。

截至 2016 年 6 月 10 日，面板应变实测值存在以下规律：

（1）施工期混凝土应变主要与测点附近温度负相关，随测点温度的升高呈拉应变增大趋势，反之呈减小趋势，变化符合规律。

（2）2015 年 4 月 14 日下闸蓄水后，实测混凝土应变基本表现为压应变增大（拉应变减小）趋势。

坝体 0－007.5m 断面面板混凝土纵向、横向应变均表现为压应变。实测 1204.0m 高程面板混凝土纵向、横向最大应变分别为 $-185.3\mu\varepsilon$、$-90.9\mu\varepsilon$，蓄水后纵横向变幅分别为 $63.9\mu\varepsilon$、$36.0\mu\varepsilon$；2015 年 8 月 31 日水库水位蓄至高程 1273.5m，实测该高程纵向、横向最大压应变分别为 $-200.6\mu\varepsilon$、$-62.8\mu\varepsilon$，变幅分别为 $-123.6\mu\varepsilon$、$-40.5\mu\varepsilon$；其后实测最大应变蓄水后纵横向变幅分别为 $92.5\mu\varepsilon$、$164.4\mu\varepsilon$；1327.0m 高程混凝土纵、横向最大应变分别为 $-194.6\mu\varepsilon$、$-182.8\mu\varepsilon$，蓄水后纵横向变幅分别为 $147.6\mu\varepsilon$、$266.0\mu\varepsilon$。

实测坝横 0—100.0m 断面面板混凝土横向应变均表现压应变，实测面板混凝土纵向最大压应变分别为 $-228.1\mu\varepsilon$，蓄水后应变变幅为 $140.2\sim271.3\mu\varepsilon$；实测纵向应变高温时段表现为受拉，低温时段表现为受压，实测最大拉应变为 $70.1\mu\varepsilon$，最大压应变为 $-179.6\mu\varepsilon$，变幅为 $100.4\sim184.2\mu\varepsilon$。垂直于面板方向面板混凝土未受约束，实测应变与测点温度的变化趋势更为明显，变化幅度也相对较大，实测最大拉应变为 $180.3\mu\varepsilon$，最大压应变为 $-179.2\mu\varepsilon$，变幅为 $129.1\sim395.5\mu\varepsilon$。

综上所述，实测面板混凝土应变与测点温度呈正相关关系，随测点温度的升高呈拉应变增大趋势，反之呈拉应变减小趋势，符合一般规律。导流洞下闸蓄水后，1204.0m 高程一直处于铺盖以下，温度相对稳定，应变变化仅受水荷载的影响，变幅相对较小。其余部位在库水位未达安装高程前受气温的影响较大，测点温差较大，变化量也相对较大。同一部位垂直面板方向应变计受到的约束较纵横向约束小，受温度的影响更为明显。导流洞下闸蓄水期，面板混凝土应变分布及量级符合规律。蓄水期间水面以上面板受气温的影响较大，高温时易产生裂缝，建议加强水面以上面板洒水养护。

5.7.3　渗流渗压

(1) 渗压监测。渗压计实测坝横 0—007.50 桩号坝基渗透压力特征值统计见表 5.39。

表 5.39　　　　　　　渗压计实测坝基渗压水头特征值统计表　　　　　　单位：m

编号	埋设部位	基准值	最大值	日期	最小值	日期	变幅	当前值
P1	横 0—007.50，纵 0—226.80，高程 1178.50m	1226.8	1295.0	2016-06-08	1226.8	2015-04-18	68.2	1295.0
P2	横 0—007.50，纵 0—213.10，高程 1177.30m	1189.2	1201.3	2016-06-08	1189.2	2015-04-18	12.1	1201.3
P4	横 0—007.50，纵 0—145.00，高程 1180.50m	1185.0	1188.3	2015-06-04	1184.8	2015-05-10	3.5	1188.2
P9	横 0—007.50，纵 0+219.90，高程 1180.40m	1182.0	1185.1	2015-06-04	1181.8	2015-05-04	3.2	—

2015 年 4 月 14 日下闸蓄水后，位于趾板前的测点 P1 实测渗压水位变化基本与库水位一致，较库水位略低。截至 2016 年 6 月 10 日，实测库水位为 1304.73m，实测渗透水位为 1295.0m。位于趾板基础上的 P2 测点实测渗透水位为 1201.3m，蓄水后增大了12.1m，为库水位变幅的 (114.2m) 的 10.6%，小于设计要求的 40%～50%，该测点处坝基防渗帷幕效果良好。目前坝基渗压计已全部失效，无法观测到坝基水位情况。从量水堰的观测成果来看，坝脚量水堰除了雨季，客水补给后出流外，其余时段均未见水流出。蓄水期间坝基的防渗体系未见异常。

(2) 渗漏量监测。2015 年 4 月 14 日下闸蓄水时，量水堰水流出，坝基水位较低，在1185.4m 附近。2015 年 6 月 3 日量水堰开始出流，一直到 2015 年 11 月 23 日。在此期间左岸 3 层、4 层灌浆洞内大量渗水一直排向坝基，使得坝基水位升高，量水堰出流。量水堰实测最大渗漏量为 58.45L/s，发生于 2015 年 10 月 12 日，前一日降雨量达 32mm，库水位为 1286.50m。2015 年 11 月 23 日至 2016 年 3 月 20 日期间，水位上升约 10m，灌浆洞内渗水已引排至下游河道，量水堰未见出流情况。在无客水补给的情况下，坝基水位存在下降的情况，可能与趾板后大坝基础渗漏有关，从另外一方面来说坝体的渗漏总量远小于坝基的漏水量，故量水堰未出现溢流情况。2016 年 3 月 24 日后，量水堰开始出现渗流情况，最大渗漏量为 15.1L/s。

本阶段量水堰实测渗漏量主要与降雨、灌浆洞客水补给有关，与库水位的相关性不明显，如图 5.78 和图 5.79 所示。

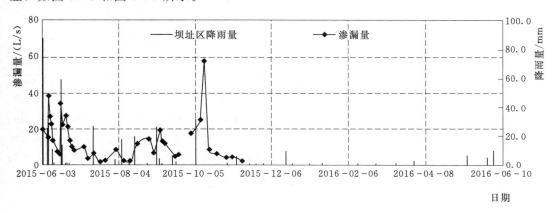

图 5.78　渗漏量与降雨量变化过程线

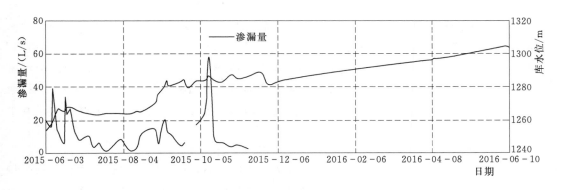

图 5.79　渗漏量与库水位变化过程线

5.7.4　坝体土应力监测

大坝坝横 0－007.50 断面埋设 14 支土压力计（E1～E14）、坝横 0＋065.00 断面埋设 3 支土压力计（E15～E17）、坝横 0－100.00 断面埋设 2 支土压力计（E18～E19）。本阶段大坝堆石体应力分布规律正常，蓄水期未见异常突变现象。

（1）坝横 0－007.50 桩号。E3、E6、E9、E12 测点分别埋设于高程 1204.00m、1239.00m、1272.50m、1302.50m 的面板与挤压边墙之间，水库一期蓄水后，面板受水荷载的作用，实测最大土压力分别为 0.06MPa、0.33MPa、0.09MPa、0.11MPa，蓄水后分别增大了 0.04MPa、0.11MPa、0.06MPa、0.12MPa，蓄水后面板与垫层料间的挤压接触不甚明显。

E4、E7、E10、E13 测点分别埋设于高程 1204.00m、1239.00m、1272.50m、1302.50m 垫层料区域的最上游部位，受水荷载和面板自重的影响，实测最大值分别为0.46MPa、0.43MPa、0.29MPa、0.21MPa，较蓄水前变幅在 0.15～0.31MPa，低部位受水荷载的作用最大，土压力变化相对较大。

E8、E11、E14 测点分别埋设于高程 1239.00m、1272.50m、1302.50m 主堆石区的坝轴线上，下闸蓄水后至 2016 年 6 月 10 日，实测高程 1239.00m、1272.50m、1302.50m最大土压力分别为 0.56MPa、0.80MPa、0.21MPa，蓄水后变幅分别为 0.03MPa、0.06MPa、0.02MPa，变幅较小，坝轴线处土应力受蓄水后水荷载的影响不明显。

（2）坝横 0+065.00 桩号。E15～E17 测点位于坝横 0+065.00 桩号高程 1242.5m、1272.5m、1302.5m 坝轴线处，下闸蓄水后至 2016 年 6 月 10 日，各测点实测最大土压力分别为 0.65MPa、0.52MPa、0.31MPa，蓄水后变幅分别为 0.04MPa、0.02MPa、0.07MPa，变幅较小，坝轴线处土应力受蓄水后水荷载的影响不明显。

（3）坝横 0−100.00 桩号。E18、E19 测点位于坝横 0−100.00 桩号高程 1272.5m、1302.5m 坝轴线处，受力变化趋势与其他两个断面完全一致。下闸蓄水后至 2016 年 6 月10 日，各测点实测最大土压力分别为 0.50MPa、0.19MPa，蓄水后变幅分别为0.03MPa、0.02MPa，变幅不大，坝轴线处土应力受蓄水后水荷载的影响不明显。

5.8　工程总体评价

混凝土面板堆石坝（CFRD）具有良好的抗震性、抗滑稳定性以及抗渗稳定性，坝体取材、施工简单，地质条件要求低，造价便宜，是水利水电工程中极为重要的一种坝型。黔中水利枢纽一期工程平寨水库混凝土面板堆石坝属于修建在狭窄河谷地区的面板堆石坝，狭窄的河谷以及两岸陡峻的岸坡为坝体的变形控制与面板限裂带来了困难。本工程通过优化坝体的设计、优化坝体分区、合理分缝、采用先进施工工艺等一系列措施对平寨水库面板堆石坝的变形以及面板限裂进行控制。

施工期以及运行期的监测结果表明以下几点：

（1）黔中水利枢纽一期工程平寨水库混凝土面板堆石坝的选址、设计、取材与施工技术合理，大坝总体安全可靠。通过科学的设计与严格的施工，可以有效地对修建在高山峡谷地区面板堆石坝的变形以及面板的变形、开裂进行控制，保证大坝的安全运营。

（2）平寨水库面板堆石坝的修建为峡谷地区面板坝体、面板分缝以及止水系统的设计以及施工积累了经验，可以为峡谷地区面板变形与限裂控制提供指导意见。

结论与展望

第 6 章

6.1 结论

平寨水库大坝坝顶河谷宽高比 2.2，处于狭窄河谷，中下部尤其狭窄，岸坡陡峻，是我国已建成的最狭窄高面板坝之一，存在大坝沿垂直向、上下游斜向、岸坡向河床纵向等多向拱效应，大坝变形和面板变位异常复杂，可能延迟在施工期及运行期变形收敛，如何控制狭窄河谷区高面板坝的综合变形成为重大关键技术问题。

通过对狭窄河谷区面板坝理论计算的研究和对国内外同类型工程经验的借鉴，以及对狭窄河谷区高面板坝变形的特点和由此产生的复杂效应对面板坝应力变形的影响分析，提出了狭窄河谷区高面板坝变形综合控制技术和工程实际应用措施，并应用于平寨水库大坝的实际设计与建设当中。

平寨水库利用大型三轴剪切试验和三轴流变仪得出了坝料物理指标和坝料流变特性参数，采用三维有限元计算分析了施工期、运行期间坝体静动力应力应变、渗流及面板混凝土温度应力的变化状态，了解坝料特性及参数，揭示狭窄河谷高面板坝变形的内在规律和主导因素，重点关注狭窄河谷区坝体应力应变计算模型、坝体与岸坡接触特性、多向拱效应、面板破坏机理及其分区、分缝和止水要求、面板合适的浇筑时机等。研究提出了狭窄河谷区高面板坝的设计原则、技术要求，系统应用了适应于狭窄河谷区高面板坝的坝体填筑材料选择、坝基基础处理、坝体填料级配、碾压填筑参数、趾板及面板混凝土防裂措施、接缝止水、面板浇筑时机等综合控制技术，并成功实践于平寨水库面板坝。蓄水运行3 年多来，坝体渗流、坝体沉降及多向变形、面板应力应变及其止水设施的位移均处于正常可控范围且变化值较小，表明大坝运行形态正常。

本章主要通过前述的研究和实践，总结形成了狭窄河谷区高面板坝变形综合控制技术，可供类似工程参考。

6.1.1 狭窄河谷地形高面板坝变形特点

平寨水库坝址地处狭窄河谷区，地形为左缓右陡不对称 V 形河谷，坝体宽高比较小，两岸岸坡较陡，同时有些地形还伴随着直立、凹凸、倒悬、台阶等不平顺地形。此外，坝址岩溶强烈发育，水文地质条件极其复杂，往往存在岩溶管道、溶洞、断层等，须尽可能避让；无法避开的须进行有针对性的工程处理，力求降低对大坝变形的不利影响。

狭窄河谷区面板坝与峡谷区面板坝存在共同的特点，产生竖向拱效应，但狭窄河谷地形所产生的拱效应又是多向性的，其变形影响因素更为复杂，因此本书总结了狭窄河谷区高面板坝变形的特点如下：

（1）狭窄河谷中坝体存在多向拱效应，坝体应力变形复杂。

研究表明，在其他条件不变的情况下，狭窄河谷区坝体位移值明显小于宽阔河谷坝体位移值；非对称河谷坝体位移分布呈不对称分布，陡坡侧位移值相对较小，但变化梯度相对较大，缓坡侧位移值相对较大，但变化梯度相对较小，缓坡侧坝体位移有向陡坡侧"侵入"的趋势。

因此，河谷地形形状对面板坝坝体应力应变影响明显，狭窄河谷地形中面板坝存在多向拱效应。这种拱效应包括竖直向、上游斜向、下游斜向、两岸坡段坝体向中间坝段挤压等，且随着施工期、蓄水期、运行期的各种荷载组合和外部条件变化而变化，坝体应力与变形的演化规律复杂。拱效应将延缓大坝变形过程，对多个工程的研究已表明，狭窄河谷拱效应会导致坝体施工期变形较小，但蓄水后运行期变形明显增大，且变形趋势发展在很长一段时期内都存在。

（2）拱效应导致坝体变形迟缓增加面板开裂渗漏风险。

大坝堆石体支撑着面板，其变形必然引起面板变形甚至开裂渗漏。理想的做法是让大坝堆石体填筑完成、在预沉降期内达到变形稳定后，再浇筑混凝土面板。但因存在狭窄河谷拱效应，大坝堆石体在预沉降期内的变形虽达到收敛条件，仍远未达到坝体变形稳定状态。

因此，当面板浇筑后坝体变形较大、面板与堆石料相互接触且属于不同材料，且堆石坝发生不均衡变形或者沿坝肩发生滑移时，面板与堆石体的变形难以协调，易发生面板的脱空、受拉、受压破坏或者止水结构破坏，引起面板变形过大，甚至开裂渗漏。

狭窄河谷地区两岸岸坡通常不对称，这一方面使得堆石坝坝体具有不对称的空间几何形状；另一方面使得坝体的变形具有复杂的约束条件。因此狭窄河谷地区的堆石坝在自重以及两岸约束作用下易产生不均衡的变形，为面板的变形与开裂控制带来难度。

（3）坝体各部位变形变位梯度大，须合理分缝和地基处理。

狭窄河谷区大坝变形时多种原因引起的，地形变化大、地基地质条件可能存在不均匀性、各部位坝体材料分区等，将导致各部位变形变位梯度大。

因此，必须进行模拟分析，合理确定分缝位置及变形量，同时处理好地基开挖形状过度梯度和均匀性梯度等。

6.1.2　狭窄河谷地形高面板坝变形综合控制技术

狭窄河谷区高面板坝应力变形复杂，影响因素众多，研究其变形的目的就是防止变形过大而引起面板开裂，甚至破坏渗漏，影响大坝正常运行和安全。因此，狭窄河谷区高面板坝变形综合控制技术研究包括大坝变形和面板防裂。

根据狭窄河谷区高面板坝拱效应、变形延缓、变形梯度大等特点，狭窄河谷区高面板坝变形综合控制技术研究涉及填筑坝料选择、地形地质条件及其处理、填筑施工工艺及控制、大坝分区及分缝止水设计、面板混凝土浇筑时机等。

在研究分析狭窄河谷区高面板坝理论、特性等的基础上，结合平寨水库高面板坝的设计与建设实践，总结提出了狭窄河谷区高面板坝变形综合控制技术。

1. 选择合理的筑坝材料和填筑标准

为减小坝体竖向变形和沉降，坝体填筑材料可根据大坝结构分区的受力特点及对填筑材料的要求进行合理选择。影响大坝变形最主要的是垫层区、过渡区、上游和下游堆石区等几个主要的区域，尤其是垫层区、过渡区及上游堆石区应选择力学指标较高（干密度、饱和抗压强度、内摩擦角、渗透系数等）及抗风化能力较强的筑坝材料，纯度高、较坚硬岩、碾压适应性好的岩石是理想筑坝材料，如中一厚层灰岩料。

狭窄河谷区高面板坝的下游堆石区尽可能可采与上游堆石区相同的标准和要求。《混凝土面板堆石坝设计规范》（SL 228—2013）中第 4.2 节填筑标准与《混凝土面板堆石坝设计规范》（SL 228—1998）规范对比，明确和区分了 150m 以上和以下大坝各区的填筑标准，同时也明显提高了 150m 以上坝体各区的填筑标准和要求，提高了下游堆石区要求。

平寨水库大坝选择大坝下游 1.5km 处的专用料场内较坚硬的灰岩石料，地层岩性为三叠系下统永宁镇组第三段（T_1yn^3）的弱风化灰岩，母岩干密度平均值为 2.705g/cm³，饱和抗压强度平均值 50MPa 左右，强度指标 φ 为 38.2°～40.7°，力学指标较好。灰岩开采料总体新鲜坚硬，岩石结构致密、质纯，中间夹少量泥灰岩，但对大坝填筑质量的影响不大，局部溶蚀破碎、夹泥严重，均去除。经过现场多次爆破试验和碾压试验并充分论证后，选定了施工爆破及碾压参数和施工工艺，以保证获得最佳的填筑坝料级配和最佳的压实效果。

同时，考虑到坝区河谷两岸属狭窄和不对称地形，岩溶发育，实施过程中平寨水库大坝在坝料填筑碾压过程提高了下游堆石区的填筑标准，上、下游堆石区采用了"同高程、同厚度、同标准"碾压施工，有效地控制和减小了坝体因地形地质不利条件带来的不均匀沉降。

因此，狭窄河谷区高面板坝选择优质的筑坝材料是工程设计与建设的首要问题；通过爆破试验选择合适的施工爆破方案，以获得最佳的坝料级配；通过碾压试验确定碾压参数，以保证获得最佳的压实效果；上、下游堆石区采用"同高程、同厚度、同标准"有利于大坝变形综合控制。

2. 更加平顺过渡的趾板和河床基础开挖与地基处理

狭窄河谷区两岸及河床地形往往存在凹凸不平、倒悬、台阶等一系列不平顺的情况，同时也存在溶洞、溶槽、断层、岩溶管道等不良地质现象；狭窄河谷地形突变对坝体产生不均匀变形。因此，在坝基开挖过程中必须对基础出现的不同地形地质情况进行针对性的处理，确保后期不因基础处理问题造成坝体产生不均匀变形和沉降。

平寨水库大坝建设过程中，紧扣所处狭窄河谷地形的特点，在坝基处理设计上不仅对趾板、上下游堆石区、两岸坝基接触带等区域提出了严格的处理措施，而且重视分区之间的平顺过渡连接要求，其主要目的在于尽可能使坝体避免产生不均匀的沉降变形。

趾板基础作为面板坝较为重要的坝基之一，广泛得到大家的重视，其开挖和处理并不容易被忽视，且对不良地质的处理措施也比较成熟；但对于峡谷地形的高坝主堆区的基础、坝体与两岸接坡地带及填筑碾压存在施工困难的区域，容易被忽视，而这往往是大坝今后运行变形的重点部位，一旦施工未处理好就存在因变形沉降带来止水和面板的破坏，从而导致渗漏。因此，大坝坝基在开挖完成后，在坝料填筑前应对主堆石区地形进行平顺处理，突出的岩石进行铲平处理，凹地应采用细料（过渡料等）进行平铺碾压，总之应使坝基达到地形平顺，变形统一，应力均匀分布的效果。本工程特别针对大坝两岸接触带的处理方式为：①主堆石区与两岸岸坡接合部采用 2m 宽的细料（可采用过渡料粒径）铺填，并要求振动碾碾压不到的区域采用打夯机夯实、小型振动碾压实，同时保持合理洒水量，保证碾压质量。②在坝基范围内陡于 1∶0.5 的两岸边坡进行修坡、补坡处理，先采用低标号的干贫混凝土进行补坡，在坝轴线上游主堆石区的右岸坝基多为陡岩，坝体填筑前均采用 C6 干贫混凝土进行补坡，修复坝基地形，完成后再采用细料填筑，基本消除因碾压不到位，填料架空产生不均匀变形的隐患。

（1）坝基整体开挖平顺，采取回填补坡手段解决陡峭岸坡复杂变形问题。

趾板是混凝土面板堆石坝较为重要的结构，承担着与面板同样的防渗挡水任务，其基础也是较为重视和关注的部位，高坝一般要求开挖至弱风化层以下的完整新鲜基岩，要求基础面开挖平顺、平整，若基础岩石遇水或长期暴露易风化，导致强度降低，开挖应预留保护层或采用薄层混凝土作封闭处理；同时趾板基础还在浇筑完趾板混凝土后另采用基础固结灌浆，提高趾板基础岩体的完整性。

除趾板基础外，其他部位如上游堆石区、下游堆石区区域内对基础的要求存在相同之处，相同点就是要求整个坝基各区域均要求平顺及连接，凹的地形需要细料或混凝土填平，凸的部位应尽可能铲平，避免出现较大的起伏，建基面上不得出现反坡、倒悬坡、陡坎尖角，清除泥土、腐殖土杂草、树根及破碎和松动岩块等。不同的地方就是上游堆石区通常要严格得多，首先趾板下游 0.3～0.5 倍坝高范围内的基础需要设置低压缩堆石区，另外开挖坡度不陡于 1∶0.5，过陡时开挖成不陡于 1∶0.25 的边坡或采取回填混凝土补坡；上游堆石区的其他部位可采取开挖或用干贫混凝土补坡等措施使坝基尽可能平顺；在坝基范围内陡于 1∶0.5 的两岸边坡进行修坡、补坡处理，先采用低标号的干贫混凝土进行补坡，在坝轴线上游主堆石区的右岸坝基多为陡岩，坝体填筑前均采用 C6 干贫混凝土进行补坡，修复坝基地形，完成后再采用细料填筑，基本消除因碾压不到位，填料架空产生不均匀变形的隐患。下游堆石区则可根据自身稳定适当降低标准。当然，对于狭窄河谷区的高面板坝来讲，应根据工程自身情况论证分析确定。

（2）针对性的不良地质处理措施。

1）溶洞、溶槽等不良地质情况处理。开挖至建基面后若遇不良地质情况，如溶洞、溶槽、断层等可采取清挖后混凝土回填置换的方式，如果由于客观原因清挖难度太大而无法完全清除时，也应清理追挖一定深度（一般为宽度的 1.5 倍且大于 1m），另外增加回填灌浆处理。当然在灌浆及钻孔过程中，仍发现趾板下部及深处存在不良地质情况，如溶洞等，应利用灌浆进行处理。

2）坝基范围内岩溶管道、泉点的引排措施。岩溶发育地区存在地下岩溶管道、暗河并在河流附近形成泉点，坝基在开挖范围内揭露泉点后，应在坝体实施回填前采用引排措施，黔中平寨水库大坝在开挖阶段坝基两岸揭露了 Ks2、Ks7＋、Ks109 等集中地下泉点，施工中采取了扩挖和清理，预埋排水钢管后再用混凝土封堵洞口，预埋的排水钢管周边用细料保护并引排至下游的坝体以外。引排措施一方面可以避免出现因两岸岩溶管道地下水出现季节性集中向坝内涌水，造成坝体出现不利变形；另一方面可以减小坝外水向坝体内渗流，造成坝体渗漏量监测误差，出现安全运行方面的判断误差。

（3）主堆石区岸坡接触带的特别处理措施。坝体与两岸岸坡接触带是填筑碾压机械设备难以到达的区域，也是大型振动碾容易漏碾和碾压无法完全满足要求的区域，一旦处理不好，容易出现大块石架空现象；加之岸坡地形陡峭，碾压不密实，后期运行容易造成填料沿接触面下滑，造成坝体不均匀沉降，从而破坏上部面板和止水结构，形成渗漏。

为此，在大坝主堆石区与两岸岸坡接触带可先采用细料（可按过渡料粒径）铺填一定宽度，如 2m 左右，这样可以防止两岸坡接触带区域的大块石填筑架空造成的后期不均匀变形；同时，两岸岸坡接触带一方面铺填一定范围的细料；另一方面应采用打夯机夯实或小型振动碾压实，并保持合理洒水量，保证大坝碾压填筑质量。

3. 针对性的大坝设计及施工工艺控制

大坝碾压填筑按碾压试验确定测碾压参数严格控制施工，采用 GPS 实时跟踪定位记录系统确保大坝填筑的均匀性和质量。填筑过程中，垫层、过渡层、上游堆石区、下游堆石区采用同步上升的"同高程"碾压填筑，在上、下游堆石区还采用"同高程、同厚度、同标准"碾压填筑。由于处于狭窄河谷区，特别加强与岸坡接触带特别填筑区的填筑控制，以及坝体与陡峭岸坡接触部位、边角部位等薄弱处的填筑质量。另外，坝料中保证适量的加水和填筑坝面不间断的洒水，既保证碾压填筑效果，也可加速变形稳定，特别是在雨季填筑坝体具有加速变形稳定的效果。

为提高面板整体性和抗拉压能力，对混凝土面板布设双层钢筋，保证面板有一定的柔性，使面板在水压力、地震荷载以及温度应力作用下产生较小弯曲应力。高坝一般为变厚度面板，为充分发挥钢筋靠表层布置有利于限裂的特性，面板坝采用双层双向网状配筋。面板混凝土在竣工期主要受坝体变形的影响，在河谷中部以受压为主，两岸受拉区在蓄水后有明显增大。因此，在面板的局部区域如周边缝、垂直缝等应力较大区域配制加强筋，增加结构的强度。

为了降低面板的挤压应力，采用挤压边墙的施工方法保护施工期的临时度汛及垫层料。挤压边墙能够减小面板周边区域的拉应力峰值，改变面板受力，减小面板集中变形，并且能够在一定程度上减小缝位移。为了尽量减少挤压边墙对面板混凝土的约束，沿面板垂直缝方向将挤压边墙作凿断处理。挤压边墙凿断同时结合坝面喷涂乳化沥青等措施后可以更好地适应堆石体的变形；浇筑面板时割除插入挤压边墙内的架立筋，尽量减小挤压边墙对面板的约束，同时保证挤压边墙表面平整，不存在过大的起伏、局部深坑或尖角，为面板提供一个平整的支撑面。

4. 合理的大坝分区及面板分缝和止水设计

狭窄河谷区面板坝坝体结构及材料分区与宽缓河谷区面板坝基本一致，即从上游至下游一次可分为盖重区（1B）、铺盖区（1A）、防渗区（面板、趾板、止水等防渗结构）、垫层料区（2A）、过渡料区（3A）、上游堆石区（3B）、下游堆石区（3C）、下游堆石推水区（3F）、下游护坡等 9 个区。但上、下游的堆石区（3B、3C）的两岸岸接触带，因狭窄河谷特性，岸坡较陡，甚至呈倒悬、凹凸等形状，易出现大坝填筑料架空、不密实等情况，从而导致局部变形梯度大。因此，狭窄河谷区面板坝上、下游堆石区两岸岸坡接触带，除进行回填补坡、平整岸坡面外，应设置特别碾压区，其填筑材料及参数与过渡料区（3A）基本相同，分层填筑后采用小型振动碾碾压密实。

面板坝面板在水荷载以及地震荷载作用下，中部主要以压应力为主，左右两侧岸坡附近以拉应力为主，一旦应力超过面板的抗拉压强度则会出现较大裂缝。因此在对面板坝分缝止水设计中，可结合面板混凝土应力应变有限元分析成果，在面板中部范围设置压性缝，左右两侧的拉应力区设置张性缝，并在挤压应力较大的区域采用压缩模量较低的止水材料来避免应力集中现象。张拉垂直缝处会出现张开变位，除设置底部止水外还设置了顶部止水。平寨水库混凝土面板堆石坝的垂直缝都按照张拉缝的标准进行设置。在底部设置"W2、W1"型止水铜片，表层为 ϕ50PVC 棒嵌入 V 形槽内后用三元乙丙复合橡胶板包裹GB 填料封闭。

此外，大坝处于狭窄河谷不对称地形，河谷形状对面板受力较为不利。周边缝位于面板和趾板两种变形性质相差较大的分界面上，变形规律比较复杂，是面板防渗体系中的薄弱环节，也是可能漏水的关键部位。周边缝止水材料需满足在水压力作用下和接缝位移作用下不发生破坏。其构造具有适应水平、垂直位移及转动的特点，避免产生张拉、渗透和剪切破坏。根据工程特点结合类似工程经验，在周边缝底部采用 F 型止水铜片，表面以PVC 棒嵌入 V 形槽内，波形橡胶止水带固定在其上部，再用三元乙丙复合橡胶板包裹GB 填料覆盖在上面，最后再将充满粉煤灰的不锈钢保护罩安装在最外层，起到防渗自愈、充填止水效果。

5. 改善面板混凝土防裂性能措施

根据面板的受力特性及变形机理，从改善面板混凝土性能方面对面板混凝土的基准配合比进行试验优选，得到满足混凝土技术指标的最优配合比。黔中平寨水库面板混凝土采用二级配 C30 混凝土，抗渗等级 W12、抗冻等级 F100，坍落度为 67mm，劈裂抗拉强度28d 的试验龄期为 3.039MPa，7d 和 28d 试验龄期抗压强度分别为 26.9MPa 和 39.8MPa，抗压模量为 33.7GPa。同时在混凝土的最优配合比实验中添加聚丙烯纤维，可改变混凝土的脆性弱点，聚丙烯纤维的变形模量与硬化初期混凝土接近，能有效地防止混凝土早期裂缝的产生，并且阻止裂缝的形成和发展，同时提高混凝土的防渗和抗冻性，减小其弹性模量增加其拉伸极限值。

6. 面板混凝土浇筑时机的选择

合理选择和判断大坝面板混凝土浇筑时机对于大坝面板今后的安全稳定运行至关重要。

首先，从坝料、地形地质条件、施工填筑情况等方面，尤其考虑工程所处狭窄河谷地形拱效应的影响，相对于规范和工程经验一般要求 3~6 个月的预沉降期适当进行了延长，如一期面板浇筑安排在相应坝体填筑完成后的 10 个月后进行，并最好经历 1 个雨季加速变形。其次，根据坝体监测成果分析判断浇筑混凝土已避开坝体沉降高峰期，并且沉降变形已趋于稳定收敛状态，其总体沉降已达到较高程度；根据所处各部位的变形监测成果数据，分析坝体逐月沉降变化与时间的关系曲线，并判断变形稳定收敛状态，作为判断浇筑时机的因素之一。最后，把浇筑混凝土的时间安排在气温不高且早晚温差不大的时间进行，同时加强后期对面板混凝土的养护措施，减少面板裂缝开展的几率。

6.2　展望

　　狭窄河谷区高面板坝变形是复杂的，影响因素也是较多的。受狭窄陡峭地形的影响和限制，坝体产生多向拱效应，导致初期变形小，变形收敛及稳定期延长，这给面板混凝土浇筑及大坝的运行带来一定风险。因此，针对工程实际情况，统筹运用变形综合控制技术是狭窄河谷区高面板坝控制变形的重点和关键。

　　狭窄河谷区高面板坝变形综合控制技术，从筑坝材料、坝基开挖与处理、大坝分区及分缝设计、面板混凝土浇筑时机等方面针对性提出了变形综合控制措施，并运用于黔中水利枢纽一期工程的设计建设中。变形综合控制技术体系的形成和运用，为狭窄河谷区高面板坝的设计与施工留下了可以参考的资料，同时提供值得借鉴的工程实例和实施经验。

　　面板坝属于经验坝型，无论从设计技术上还是施工工艺上，技术都是成熟的，重点应该是对施工质量的严格管控。希望在黔中平寨水库大坝建设中引进的堆石坝坝体智能压实施工技术和表层接缝止水一体化机械施工技术能得到广泛的推广和运用，减轻面板坝施工管理难度，提高施工管理水平和效率，从而进一步提高施工质量。

参 考 文 献

［1］ Cooke J B. Progress in rockfill dams ［J］. Journal of Geotechnical Engineering，1984，110（10）：1381－1414.

［2］ 水利电力部科学技术司，水利水电科学研究院. 国外混凝土面板堆石坝 ［M］. 北京：水利电力出版社，1988.

［3］ 王柏乐. 中国当代土石坝工程 ［M］. 北京：中国水利水电出版社，2004.

［4］ 颜义忠. 关于峡谷地区高混凝土面板坝安全监测设计的探讨 ［C］//贵州省水力发电工程学会成立20周年纪念大会暨学术研讨会. 2005：51－53.

［5］ 宋文晶，高莲士. 窄陡河谷面板堆石坝坝肩摩擦接触问题研究 ［J］. 水利学报，2005，36（7）：793－798.

［6］ 宋文晶，王彭煦. 河谷地形对面板坝防渗体系安全性的影响 ［J］. 水力发电学报，2008，27（4）：94－100.

［7］ 杨泽艳，王德军，陈康. 洪家渡高面板堆石坝设计与施工 ［J］. 水力发电，2004（A01）：18－25.

［8］ 何平，王伟. 洪家渡水电站面板堆石坝施工期沉降监测资料分析 ［J］. 贵州水力发电，2005，19（4）：81－84.

［9］ 朱晟，欧红光，殷彦高. 狭窄河谷地形对200m级高面板坝变形和应力的影响研究 ［J］. 水力发电学报，2005，24（4）：73－77.

［10］ 徐泽平，邵宇，胡本雄，等. 狭窄河谷中高面板堆石坝应力变形特性研究 ［J］. 水利水电技术，2005，36（5）：30－33.

［11］ DUNCAN J M，CHANG C Y. Nonlinear analysis of stress and strain in soils ［J］. Journal of the Soil Mechanics and Foundations Division，1970，96（SM5）：1629－1653.

［12］ FU Z Z，CHEN S S，PENG C. Modeling cyclic behavior of rockfill materials in a framework of generalized plasticity ［J］. International Journal of Geomechanics，2014，14（2）：191－204.

［13］ GOODMAN R E，TAYLOR R L，Brekke T L. A model for the mechanics of jointed rock ［J］. Journal of the Soil Mechanics and Foundations Division，1968，94（SM3）：637－659.

［14］ HASHIGUCHI K，CHEN Z P. Elastoplastic consitutive equations of soils with the subloading surface and the rotational hardening. International Journal for Numerical and Analytical Methods in Geomechanics，1998，22（3）：197－227.

［15］ MATSUOKA H，Yao Y P，Sun D A. The Cam－Clay models modified by the SMP criterion ［J］. Soils and Foundations，1999，39（1），81－95.

［16］ NAKAI T. A unified mechanical quantity for granular materials in three－dimensional stresses ［J］. In：Proceedings of U. S. /Japan Seminar on the Micromechanics of Granular Materials. Pp. 297－307. Sendai－Zao，Japan，1987.

［17］ ZIENKIEWICZ O C，Taylor R L. The Finite Element Method Volume 1：The Basis ［M］. Butterworth Heinemann，Oxford，2000.

［18］ WU W，Kolymbas D. Hypoplasticity then and now ［M］//Constitutive modelling of granular materials. Springer Berlin Heidelberg，2000：57－105.

［19］ DESAI C S，Drumm E C，Zaman M M. Cyclic testing and modeling of interfaces ［J］. Journal of

Geotechnical Engineering，1985，111（6）：793－815.

[20] CLOUGH G W，Duncan J M. Finite element analysis of retaining wall behavior [J]．Journal of the Soil Mechanics and Foundations Division，1973，99（sm 4）.

[21] 黄文雄，沈建. 基于应力响应包络的土体典型本构模型比较 [J]．岩土工程学报，2012，34（3）：508－515.

[22] 陈生水，彭成，傅中志. 基于广义塑性理论的堆石料动力本构模型研究 [J]．岩土工程学报，2012，34（11）：1961－1968.

[23] 卢廷浩，鲍伏波. 接触面薄层单元耦合本构模型 [J]．水利学报，2000（2）：71－75.

[24] 卢廷浩，鲍伏波. 接触面模型在高面板堆石坝中的应用研究 [J]．红水河，2000，19（4）：12－15.

[25] 殷宗泽，朱泓，许国华. 土与结构材料接触面的变形及其数学模拟 [J]．岩土工程学报，1994，16（3）：14－22.

[26] 朱泓，殷宗泽. 土与结构材料接触面性能研究综述 [J]．河海科技进展，1994，14（4）：1－8.

[27] 胡黎明，濮家骝. 土与结构物接触面物理力学特性试验研究 [J]．岩土工程学报，2001，23（4）：431－435.

[28] 董必昌. 岩土工程仿真中接触单元和相关参数研究 [D]．武汉：华中科技大学，2005.

[29] 刘莹骏. 土-结构薄层接触单元的开发及其应用 [D]．大连：大连理工大学，2014.

[30] 张嘎，张建民. 大型土与结构接触面循环加载剪切仪的研制及应用 [J]．岩土工程学报，2003，25（2）：149－153.

[31] 傅志安，凤家骥. 混凝土面板堆石坝 [M]．武汉：华中理工大学出版社，1993.

[32] 蒋国澄，赵增凯. 中国的高混凝土面板堆石坝 [C]．CFRD 国际研讨会论文集，2000.

[33] 贾金生，郦能惠，等. 高混凝土面板坝安全关键技术研究 [M]．北京：中国水利水电出版社，2014.

[34] 曹克明，汪易森，徐建军，等. 混凝土面板堆石坝 [M]．北京：中国水利水电出版社，2008.

[35] 关志成. 混凝土面板堆石坝筑坝技术与研究 [M]．北京：中国水利水电出版社，2005.

[36] 蒋国澄. 中国混凝土面板堆石坝 20 年 [M]．北京：中国水利水电出版社，2005.

[37] 郦能惠. 高混凝土面板堆石坝新技术 [M]．北京：中国水利水电出版社，2007.

[38] 徐泽平. 面板堆石坝应力变形特性研究 [D]．北京：中国水利水电科学研究院，2005.

[39] 徐泽平. 混凝土面板堆石坝应力变形特性研究 [M]．郑州：黄河水利出版社，2005.

[40] Segrio Giudiei，Richard Herwenyen，Peter Quinlna. HEC Experience in Concrete Faced Rockfill Dmas，Past，Present and Future，CFRD 2000，Proceedings of International Symposium Concrete Faced Rockfill Dam，Sept. 18，2000，Beijing.

[41] 党发宁，杨超，薛海斌，等. 河谷形状对面板堆石坝变形特性的影响研究 [J]．水利学报，2014，45（4）：434－442.

[42] 程嵩，张嘎，张建民，等. 河谷地形对面板堆石坝应力位移影响的分析 [J]．水力发电学报，2008，27（5）：53－58.

[43] 周伟，常晓琳，胡颖，等. 考虑拱效应的高面板堆石坝流变收敛机制研究 [J]．岩土力学，2007，28（3）：604－608.

[44] 朱晟，王继敏. 建造在狭窄河谷上的高混凝土面板堆石坝 [J]．红水河，2004，23（4）：81－88.

[45] 刘伟. 狭窄河谷高面板堆石坝应力变形特性研究 [D]．西安：西安理工大学，2013.

[46] 刘万新，付平. 高寒狭窄河谷高面板堆石坝变形控制 [J]．水利水电工程设计，2014，33（4）：1－2.

[47] 邓刚，徐泽平，吕生玺，等. 狭窄河谷中的高面板堆石坝长期应力变形计算分析 [J]．水利学报，2008，39（6）：639－646.

[48] Palmi Johannesson, Sixtus L. Tohlang. Lessons Learned from the Cracking of Mohale CFRD Slab - Synopsis Version [C], Proceedings Workshop on High Dam Know - How, Yichang, China, May 2007.

[49] 杨国祥. 三板溪面板堆石坝面板裂缝成因分析 [J]. 水电自动化与大坝监测, 2010, 34 (6): 49 - 52.

[50] 徐泽平, 邓刚, 赵春. 三板溪混凝土面板堆石坝安全性态分析 [C]//中国混凝土面板堆石坝安全监测技术实践与进展. 2010: 127 - 135.

[51] 苟晓丽, 沈慧, 王志远, 等. 三板溪水电站安全监测自动化系统在大坝安全监控中的应用 [C]//现代堆石坝进展. 2009: 592 - 597.

[52] 李国英. 羊曲下坝址混凝土面板堆石坝三维静动力应力变形有限元分析研究 [R]. 南京: 南京水利科学研究院, 2009.

[53] 杨杰, 李国英, 沈婷. 复杂地形条件下高面板堆石坝应力变形特性研究 [J]. 岩土工程学报, 2014, 36 (4): 775 - 781.

[54] 窦向贤. 猴子岩水电站高面板堆石坝设计 [J]. 人民长江, 2014, 45 (8): 42 - 45.

[55] 沈婷, 李国英. 玛尔挡水电站狭窄河谷面板堆石坝应力变形特性研究 [R]. 南京: 南京水利科学研究院, 2013.

[56] 贾金生, 郦能惠, 徐泽平, 等. 高混凝土面板坝安全关键技术研究 [M]. 北京: 中国水利水电出版社, 2014.

[57] 杨泽艳. 贵州狭窄河谷区面板堆石坝设计的思考 [J]. 贵州水力发电, 1999, 13 (3): 16 - 20.

[58] 宋文晶, 高莲士. 窄陡河谷面板堆石坝坝肩摩擦接触问题研究 [J]. 水利学报, 2005, 36 (7): 1 - 8.

[59] 杨泽艳, 湛正刚. 峡谷地区 200m 级高面板堆石坝筑坝技术研究及应用 [J]. 水利水电科技进展, 2007, 27 (5): 33 - 37.

[60] 李国英, 等. 混凝土面板防裂抗裂材料及措施研究 [R]. 南京: 南京水利科学研究院, 2013.

[61] 麻媛. 混凝土面板堆石坝双层面板抗裂措施研究 [D]. 西安: 西北农林科技大学, 2007.

[62] 周辉良, 姜国辉, 彭建明. 三板溪水电站高堆石坝面板防裂措施 [J]. 贵州水力发电, 2007, 21 (3): 51 - 54.

[63] 王玉洁, 朱锦杰, 李涛. 三板溪混凝土面板堆石坝面板破损原因分析 [J]. 大坝与安全, 2009 (5): 19 - 28.

[64] 徐明星. 天生桥一级堆石坝面板裂缝原因分析 [J]. 红水河, 2001, 20 (3): 40 - 42.

[65] 陈圣平, 徐峃东. 天生桥面板堆石坝分块填筑与坝体裂缝 [J]. 人民长江, 2000, 31 (6): 20 - 22.

[66] 魏寿松. 天生桥一级大坝面板竖缝的挤压破损原因初探 [J]. 云南水力发电, 2004, 20 (1): 56 - 58.

[67] 郭诚谦, 蒋剑. 天生桥混凝土面板堆石坝的变形分析 (上) ——兼论高坝的设计 [J]. 水利水电快报, 2004, 25 (2): 1 - 4.

[68] 郭诚谦, 蒋剑. 天生桥混凝土面板堆石坝的变形分析 (下) ——兼论高坝的设计 [J]. 水利水电快报, 2004, 25 (3): 1 - 4.

[69] 白旭宏, 黄艺升. 天生桥一级水电站混凝土面板堆石坝设计施工及其认识 [J]. 水力发电学报, 2000 (2): 108 - 123.

[70] 赵魁芝, 李国英, 沈珠江. 天生桥混凝土面板堆石坝面板原型观测资料分析 [J]. 水利水运工程学报, 2001, 1 (1): 38 - 44.

[71] 杨德福. 面板堆石坝混凝土面积防裂分析 [J]. 水利水电技术, 1995 (4): 5 - 10.

[72] 陈娟, 杨泽艳, 罗光其. 洪家渡面板堆石坝接缝止水设计 [J]. 贵州水力发电, 2002, 16 (4):

22 - 25.

[73] 杨泽艳，周建平，蒋国澄，等. 中国混凝土面板堆石坝的发展 [J]. 水力发电，2011，37（2）：18 - 23.

[74] 徐泽平，邓刚. 国际高混凝土面板堆石坝的发展概况及评述 [J]. 面板堆石坝工程，2007（4）：30 - 41.

[75] 贾金生，郦能惠，等. 高混凝土面板坝安全关键技术研究 [M]. 北京：中国水利水电出版社，2014.

[76] 郦能惠. 高混凝土面板堆石坝新技术 [M]. 北京：中国水利水电出版社，2007.

[77] 米占宽，李国英. 黔中混凝土面板堆石坝三维有限元静动力特性研究 [R]. 南京：南京水利科学研究院，2011.

[78] 李国英，米占宽，沈婷. 坝料流变及湿化的心墙堆石坝应力应变有限元分析理论和方法研究 [R]. 南京：南京水利科学研究院，2005.

[79] 沈婷，李国英. 300m 级高混凝土面板堆石坝关键技术研究 [R]. 南京：南京水利科学研究院，2011.

[80] 方维凤. 混凝土面板堆石坝流变研究 [D]. 南京：河海大学，2003.

[81] 杨泽艳，周建平. 我国超高面板堆石坝的建设与技术展望 [J]. 水利发电，2007，33（1）：64 - 68.

[82] 杨泽艳，蒋国澄. 洪家渡 200m 级高面板堆石坝变形控制技术 [J]. 岩土工程学报，2008，30（8）：1241 - 1247.

[83] F 贡扎莱斯-瓦伦卡亚. 阿瓜米尔帕坝的性能 [J]. 水利水电快报，2000，21（2）：1 - 6.

[84] 靳国厚，卢湘. 巴西两座混凝土面板堆石坝的原型观测资料分析 [J]. 水利水电技术，1995（2）：59 - 64.

[85] 徐泽平，郭晨. 巴西坎泼斯诺沃斯面板堆石坝的经验和教训 [J]. 中国水利水电科学研究院学报，2007，5（3）：233 - 240.

[86] 冯业林，等. 天生桥一级水电站混凝土面板堆石坝 [M] // 王伯乐. 中国当代土石坝工程. 北京：中国水利水电出版社，2004.

[87] 吴敏敏，刘先行. 巴贡水电站混凝土面板堆石坝沉降变形观测分析 [J]. 水利水电技术，2010，41（8）：25 - 27.

[88] 郦能惠，孙大伟，米占宽. 200m 级高面板堆石坝技术总结之 200m 级高混凝土面板堆石坝应力变形性状反演计算分析 [R]. 南京：南京水利科学研究院，2008.

[89] 沈凤生，陈慧远，潘家铮. 混凝土面板堆石坝的蓄水变形分析 [J]. 岩土工程学报，1990，12（1）：71 - 81.

[90] 高莲士，宋文晶，汪召华. 高面板堆石坝变形控制的若干问题 [J]. 水利学报，2002（5）：3 - 8.

[91] 沈婷，李国英. 玛尔挡水电站狭窄河谷面板堆石坝应力变形特性研究 [R]. 南京：南京水利科学研究院，2013.

[92] 徐泽平，邵宇，胡本雄，陈海兵. 狭窄河谷中高面板堆石坝应力变形特性研究 [J]. 水利水电技术，2005，36（5）：30 - 33.

[93] 沈珠江，赵魁芝. 堆石坝流变变形的反馈分析 [J]. 水利学报，1998（6）：1 - 6.

[94] 张丙印，师瑞锋. 流变变形对高面板堆石坝面板脱空的影响分析 [J]. 岩石力学，2004，25（8）：1179 - 1184.

[95] 王勇，殷宗泽. 面板堆石坝堆石流变对面板应力变形的影响分析 [J]. 河海大学学报，2000，28（6）：60 - 65.

[96] 米占宽，沈珠江，李国英. 高面板堆石坝坝体流变性状 [J]. 水利水运工程学报，2002，（2）：35 - 41.

参考文献

[97] 李国英，赵魁芝，米占宽. 堆石体流变对混凝土面板坝应力变形特性的影响 [J]. 岩土力学，2005，26（增刊）：117-120.

[98] 周伟，常晓琳，胡颖，等. 考虑拱效应的高面板堆石坝流变收敛机制研究 [J]. 岩土力学，2007，28（3）：604-608.

[99] 李国英. 300m级高面板堆石坝筑坝材料特性、坝体分区与变形特性研究之高应力场作用下堆石料的工程特性总结 [R]. 南京：南京水利科学研究院，2008.

[100] 王君利，范建朋. 马来西亚巴贡水电站面板堆石坝设计综述 [J]. 西北水电，2010（6）：15-19.

[101] 魏寿松. 天生桥一级大坝面板竖缝的挤压破损原因初探 [J]. 云南水力发电，2004，20（1）：56-58.

[102] 徐泽平，邓刚. 高面板堆石坝的技术进展及超高面板堆石坝关键技术问题探讨 [J]. 水利学报，2008，39（10）：1226-1234.

[103] 杨松林，周灿元，钟平. 三板溪堆石坝的变形监测分析 [J]. 水电能源科学，2005，23（6）：42-44.

[104] 王玉洁，朱锦杰，李涛. 三板溪混凝土面板坝面板破损原因分析 [J]. 大坝与安全，2009（5）：19-21.

[105] 李国英. 羊曲下坝址混凝土面板堆石坝三维静动力应力变形有限元分析研究 [R]. 南京水利科学研究院，2009.

[106] 陈生水，霍家平，章为民. "5·12" 汶川地震对紫坪铺混凝土面板坝的影响及原因分析 [J]. 岩土工程学报，2008，30（6）：795-801.

[107] 程国锋，丁静琼，周瀚. 黔中水利枢纽工程平寨水库混凝土面板堆石坝接缝止水设计 [J]. 水利科技与经济，2014，20（4）：35-37.

[108] 陈生水，等. 黔中水利枢纽一期工程大坝枢纽工程筑坝材料试验及大坝结构分析研究之筑坝材料工程特性试验报告 [R]. 南京：南京水利科学研究院，2010.

[109] 陈生水，等. 黔中水利枢纽一期工程大坝枢纽工程筑坝材料试验及大坝结构分析研究之面板堆石坝三维有限元静动力特性研究报告 [R]. 南京：南京水利科学研究院，2010.

[110] 陈生水，等. 黔中水利枢纽一期工程大坝枢纽工程筑坝材料试验及大坝结构分析研究之面板混凝土三维非稳定温度场和应力场有限元仿真分析 [R]. 南京：南京水利科学研究院，2010.

[111] 李国英. 滩坑水电站堆石料湿化和软化特性对混凝土面板堆石坝应力变形特性影响研究 [R]. 南京：南京水利科学研究院，2004.

[112] 李国英，米占宽，傅华，等. 混凝土面板堆石坝堆石料流变特性试验研究 [J]. 岩土力学，2004，25（11）：1712-1716.

[113] 李庆生. 峡谷地区高面板堆石坝变形特点 [J]. 中南水力发电，2009（1）：8-10.

[114] 李仁刚，吴玮. 智能碾压监测系统在平寨水库堆石坝的应用 [J]. 水利建设与管理，2014，34（2）：62-66.

[115] 刘建平，葛国平，周廷江. 九甸峡混凝土面板堆石坝施工关键技术研究 [J]. 水力发电，2010，36（11）.

[116] SL 274—2001 碾压式土石坝设计规范.

[117] 欧波. 狭窄河谷区高面板坝复杂岩溶库首防渗帷幕设计 [J]. 水利科技与经济，2015（11）：5-7.

[118] 黔中灌区水利枢纽工程（平寨水库）场地地震安全性评价报告（补充报告）[R]. 武汉：武汉地震工程研究院，2010.7.

[119] 晏卫国，等. 黔中水利枢纽一期工程水源枢纽安全监测系统工程首次蓄水期安全监测资料分析阶段性报告 [R]. 贵阳：贵州省大坝安全监测中心，2010.

［120］ 杨泽艳，王德军，陈康. 洪家渡高面板堆石坝设计与施工［J］. 水力发电，2004（A01）：18－25.

［121］ 于子忠，黄增刚. 智能压实过程控制系统在水利水电工程中的试验性应用研究［J］. 水利水电技术，2013（12）：44－47.

［122］ 张健民. 黔中水利枢纽水源工程平寨水库大坝安全监测设计［J］. 贵州水力发电，2012，26（3）：29－32.